AF313681

ESSAI

DE

CHIMIE MICROSCOPIQUE

APPLIQUÉE A LA PHYSIOLOGIE.

IMPRIMERIE DE H. FOURNIER
RUE DE SEINE, N° 14.

ESSAI

DE

CHIMIE MICROSCOPIQUE

APPLIQUÉE A LA PHYSIOLOGIE,

OU

L'ART DE TRANSPORTER LE LABORATOIRE SUR LE PORTE-OBJET DANS L'ÉTUDE DES CORPS ORGANISÉS ;

Par M. RASPAIL.

> Il n'y a de petit dans la nature que les petits esprits.

PARIS,

Chez { L'AUTEUR, rue Saint-Jacques, n° 168.
{ MEILHAC, libraire, rue du Cloître-Saint-Benoit, n° 10.

1830.

ESSAI

DE

CHIMIE MICROSCOPIQUE

APPLIQUÉE A LA PHYSIOLOGIE,

OU

L'ART DE TRANSPORTER LE LABORATOIRE SUR LE PORTE-OBJET, DANS L'ÉTUDE DES CORPS ORGANISÉS ;

PAR M. RASPAIL.

Peu de préceptes, beaucoup d'exemples. Ram.

Historique.

Qu'un jeune homme, victime des bizarreries de la fortune ou de la fureur des réactions, cherchant soit à oublier les hommes, afin de mieux leur pardonner, soit à se soustraire aux tourmens de l'ennui, afin de supporter avec plus de résignation les tourmens de la misère, vienne un jour à se réfugier dans l'étude des phénomènes de la nature ; qu'il ait consacré, pendant plusieurs années, à la recherche des faits et de leurs causes, tous les instans qu'il aura pu ravir aux exigences de sa position ; que tout entier à la pensée qui le domine et qui le console, il l'ait poursuivie sans relâche jusque dans les rêves du sommeil, jusqu'à travers les distractions de ses repas et de ses courses, de ses souffrances et de ses soulagemens ; enfin que maître de la difficulté, ivre de son triomphe, il cède au sentiment de la gloire, genre de faiblesse qui ne dépare pas l'homme de bien, ses premières lueurs d'espérance lui feront porter ses regards sur l'Institut français. Le souvenir de la bonhomie obligeante de Lacépède, de la grandeur fière mais prévenante de Laplace, de la générosité protectrice de Berthollet, la pauvreté indépendante et loyale de ce jeune physicien, l'impartialité encourageante de ce vieux géomètre, les noms révérés de ces deux ou trois membres que je me garderai bien de louer, car ils ne sont pas encore morts, tout enfin lui aura donné une idée si relevée de ce grand corps académique, que peut-être, dans son esprit, l'image de la gloire sera devenue inséparable des suffrages de ces savans. Admis à la faveur de lire le résultat de ses recherches au sein de cette assemblée imposante, il tressaille déjà d'espérance en entendant le président proclamer, comme commissaires chargés d'examiner son travail, deux ou trois membres de l'Académie; et le lendemain il vole auprès de chacun d'eux, pour les entretenir de ses idées et fixer avec eux le jour de l'examen. Mais quel triste lendemain! La majesté imposante de l'assemblée, la gravité silencieuse de ses augustes auditeurs de la veille, ces motifs ravissans d'espoir et d'orgueil, il voit tout disparaître avec la rapidité de l'orage, dès qu'il a entretenu ses juges en particulier. *Comment voulez-vous*, lui dit l'un, *que je revoie huit cents observations délicates?—Avez-vous à présenter des espèces exotiques?* lui dit l'autre, *je ne m'occupe pas du reste.—Ce que vous annoncez*, lui répond un troisième, *je l'ai déjà dit dans mes leçons orales*. Un quatrième, plus ingénu, lui fait part des soins qui l'accablent : *il a un rapport à faire sur les travaux des fils de tel, tel et tel de ses collègues; comment, au milieu de tant de devoirs de famille, trouver le temps de remplir un devoir de sa dignité?* En un mot, déconcerté et perdant courage, notre jeune observateur commence sans doute alors à haïr l'humanité, car il vient de connaître les hommes qui, un instant auparavant, lui paraissaient seuls dignes de son estime; à voir l'étude avec indifférence, car il l'aimait un peu pour la gloire; il cesse peut-être d'aimer la vie (1), car souvent la vie n'est plus rien aux yeux du sage sans un peu d'illusion! L'infortuné! Il a tort pourtant! Socrate, en affrontant la mort, avait-il en vue d'obtenir pour sa tombe une couronne aux jardins d'Académus? Platon était-il éloquent, dans l'espoir d'un fauteuil académique? Aristote consacrait-il toutes les faveurs d'Alexandre à l'étude de la nature, pour acquérir des distinctions? Pline allait-il s'ensevelir sous les cendres du Vésuve, dans l'espoir de venir lire un mémoire à la réunion des curieux de Rome? Descartes enfin fut-il jamais plus grand qu'alors que, faute de juges capables de le comprendre, il ne trouva plus autour de lui que des jaloux capables de le persécuter? O vous tous, dont l'es-

---

(1) *Lisez* la Nécrologie du jeune voyageur français Pacho; et celle du jeune géomètre norwégien Abel. (*Annal. des Scienc. d'obs.*, mai 1829.)

prit fasciné aime encore, dans l'étude, l'espoir de cette célébrité qu'on distribue comme une grâce, désabusez-vous ! La nature n'a pas besoin de ces auxiliaires illusoires et trompeurs ; elle est trop belle par elle-même ; aimons-la pour elle-même : il est très-possible que les hommes dont vous ambitionnez le plus les suffrages perdent de leur importance, une fois que vous les aurez connus ; n'ambitionnez donc pas un bonheur aussi incertain et aussi précaire ; et s'il faut, pour achever de vous désabuser, un exemple quelconque, prêtez un instant l'oreille aux faits que je vais vous raconter en peu de mots, sans orgueil et sans modestie, mais afin de ranimer votre courage et de dissiper vos illusions.

Les premiers essais des travaux dont je vais exposer la série ont été lus, le 6 août, à la Société Philomatique, et, deux mois après, à l'Académie royale des Sciences. Soit par défiance en un sujet aussi neuf, soit par une aversion préconçue contre un moyen d'investigation inusité, soit enfin que la modestie de la simple loupe montée avec laquelle j'avais fait ces expériences lui parût un gage bien aventuré de l'exactitude des faits que j'annonçais, le chimiste chargé par la Société Philomatique de vérifier ce travail, au bout de dix séances peut-être, n'avait pas encore mis l'œil à l'oculaire, et ne paraissait pas disposé à prendre ce parti. Sorti mieux avisé de cette épreuve, je me gardai bien, après ma lecture à l'Institut, d'aller importuner mes nouveaux commissaires ; j'avais pris date, circonstance aussi essentielle pour conserver la propriété d'une découverte scientifique, que l'est un brevet d'invention dans le commerce et dans les arts ; mon but était rempli ; je livrai à l'impression ce mémoire ; et dans la suite je ne m'écartai plus de cette manière d'agir. Imaginez en effet un plaideur en présence de trois juges parlant chacun un langage différent, vous aurez à peu près le résultat de ce qui serait arrivé à un inconnu ne proposant rien moins que de renverser des théories, en présence de trois commissaires, dont l'un, exclusivement physiologiste, l'autre, exclusivement chimiste, et le troisième exclusivement botaniste. Le physiologiste (1) ignorait l'art de se servir des réactifs ; le chimiste ignorait

---

(1) Le physiologiste désigné alors comme commissaire est resté, depuis, tellement étranger à toutes ces découvertes, que, se trouvant un jour chez un habile observateur de la capitale, il tint à peu près ce langage : Que nous dit donc

celui de se servir du microscope; le botaniste ignorait l'un et l'autre, et d'ailleurs le mémoire soumis à leur examen attaquait les travaux des trois; le moindre échec auquel on pouvait s'attendre en pareille circonstance, c'était, sans aucun doute, à un silence désapprobateur. Ce ne fut pas là tout-à-fait le parti qu'on commença à prendre. Quelques sociétés crièrent bien fort; on persiffla en secret; on dénatura les idées: on n'en parla que par ouï-dire; on refusa de se convaincre par ses propres yeux; les professeurs se prononçaient peu, ou se prononçaient contre; les journaux continuaient à garder le silence; la correspondance de nos savans désabusait d'avance la conviction des savans étrangers; et, ce qui était plus fâcheux sans doute, notre caractère n'était pas plus ménagé que nos écrits. Mais enfin des plagiaires se présentèrent; ils reçurent des couronnes; et, dans son cours de cette année, M. Gay-Lussac lui-même, qui jusqu'alors avait repoussé cette doctrine, l'a accueillie de la manière la plus favorable, sous le couvert du plagiat.

Mais pourquoi s'indigner de ces revers! un homme sage les aurait tous prédits d'avance : les hommes une fois arrivés au pouvoir, une fois chargés de dignités et d'honneurs, doivent nécessairement devenir despotes, dès qu'un pouvoir rival ou supérieur ne contrôle plus leur conduite et leurs actions; vieillis dans la considération, la flatterie a tellement émoussé leur amour-propre, qu'il leur faut de l'adulation pour réveiller leurs jouissances; or, comment veut-on qu'ils prêtent une oreille indulgente à la critique d'un inconnu, et qu'ils sanctionnent de leur approbation des découvertes qui les importunent? N'exigeons pas trop des hommes, et pour cela, ne présumons pas trop de leurs qualités; et au lieu de nous plaindre de leurs procédés, apprenons dès à présent à nous pré-

---

M. Raspail? il annonce avoir trouvé de la fécule dans une articulation de *Chara?* — Attendez, répond l'observateur, je vais vous montrer ce qu'il annonce; examinez, au microscope, le résidu de cette articulation que je viens d'écraser sur le porte-objet.—Oui, je vois des globules, mais qu'est-ce que cela signifie, et comment sait-il que là se trouve de l'amidon? — Un instant, reprit l'observateur, permettez que j'ajoute sur le porte-objet une goutte d'iode.—Eh bien! je vois que les globules deviennent bleus; mais, encore une fois, cela prouve-t-il que M. Raspail ait trouvé de l'amidon dans cet organe? — L'observateur retira la lame de-verre, et invita le physiologiste à s'asseoir.

munir contre ces défauts, hélas! inséparables de l'espèce humaine. Ces hommes qui, aujourd'hui, commettent des injustices, en ont peut-être subi dans un âge moins avancé; tâchons de ne pas laisser, comme eux, de si graves leçons stériles! victimes au matin de notre vie, préparons-nous à n'être pas injustes qnand viendra l'heure du soir.

Introduction.

Lorsqu'on reporte sa pensée sur la série des travaux qui ont été faits à l'aide du microscope, on ne tarde pas à se convaincre que ce n'est pas faute de connaissances dans les sciences mathématiques, physiques et chimiques, que l'emploi de cet instrument a fourni des résultats dépourvus de précision. Les Nollet, les Baker, les Spallanzani, les Fontana, les Hooke, les Buffon, et tant de physiciens célèbres de notre siècle, qui se sont long-temps adonnés à l'étude des êtres microscopiques, n'ont jamais manqué de faire l'application de leurs connaissances à l'usage de cet instrument. Mais une idée fatale qui s'empara des esprits, dès l'époque de l'invention du microscope, n'a cessé de présider aux observations, en dépit de la rectitude du jugement de l'observateur; elle a paralysé les efforts des plus habiles, et a inondé la science de systèmes ridicules, ou de faits erronés. Dès le moment que l'assemblage de deux ou trois lentilles eut permis à l'homme de contempler des molécules inabordables à l'œil nu, son penchant au merveilleux le porta à s'écrier : *Un monde nouveau nous est révélé!* Et ce monde lui sembla se régir d'après les lois nouvelles; tout parut amusant, mais tout parut inexplicable. Le microscope devint dans les cours publics une fantasmagorie, dans le cabinet un passe-temps sans importance, un simple délassement de travaux assidus. Certains observateurs conçurent la pensée de soumettre les résultats microscopiques aux règles de raisonnement qui nous dirigent dans les résultats en grand; quelques succès couronnèrent cette pensée; mais bientôt, fatigués et impatiens des premiers obstacles, ils firent de nouveau abnégation de leurs connaissances et de leur jugement; ils se replongèrent dans le doute, crainte de tomber dans une absurdité.

Nous avons vu les physiciens les plus habiles nous demander si le globule organique que nous soumettions à leur observation n'offrait pas un trou dans son centre ; nous leur répondions en les priant de considérer une lentille de verre par réfraction ; d'autres, admirer comme une merveille les mouvemens des petits corps entraînés par le liquide agité, et se décidant, sur l'inspection seule d'un phénomène aussi banal, à reconnaître un mouvement spontané dans les globules du sang sorti de la veine. Enfin, n'avonsnous pas vu quatre membres de l'Institut de France, un membre de la Société royale de Londres, s'étayant de l'approbation des plus habiles physiciens d'Angleterre, soutenir hautement que toutes les molécules visibles des corps organiques ou inorganiques sont douées d'un mouvement spontané ; alors que les considérations basées sur tous les phénomènes dont nous sommes témoins chaque jour, ramenaient si bien le merveilleux de ces résultats à la simplicité des résultats vulgaires ! Je ne poursuivrai pas plus loin l'énumération des diverses hypothèses que cette manière de raisoner a introduites dans la science ; j'en ai dit assez pour faire comprendre combien la marche contraire doit être féconde en résultats précis et certains. La portée de nos yeux n'influe pas sur la nature des corps ; ce que je vois à ma loupe de huit lignes me paraît évidemment identique avec ce que je vois à l'œil nu ; raccourcissons le foyer de la loupe, nous verrons beaucoup plus, mais verrons-nous différemment ? Cette pierre, dont je reconnais les propriétés à l'œil nu, en acquerra-t-elle de diamétralement opposées quand je l'aurai divisée en fragmens microscopiques ? non. Pourquoi donc n'expliquerai-je pas les phénomènes que m'offriront ses fragmens divisés, par les mêmes lois qui m'expliquaient si bien les phénomènes du bloc encore intègre ? Non, le microscope ne révèle pas un monde nouveau ; il rend abordables des particules trop tenues ; il nous sert à démêler des mélanges trop divisés ; il nous permet de pénétrer plus avant dans les organes ; rendons cet instrument fécond en découvertes, en soumettant les phénomènes dont il nous rend témoins à toutes les réactions, à toutes les contre-épreuves dont les progrès de la science nous ont mis en possession ; enfin cherchons dans son emploi, non du merveilleux ou des hypothèses, mais des résultats.

Ce fut la première idée qui vint frapper mon esprit, dès les premiers pas que je fis dans la carrière de la physiologie ; en voyant le physiologiste se contenter de dessiner et de découper des

organes, le chimiste de les altérer, de les mélanger ou de les détruire, afin de se ménager le plaisir de les retrouver ou de les re-
composer, il me sembla voir deux hommes marchant à leur insu,
côte à côte, dans deux chemins qui ne se rejoindraient jamais. Je
voulus me rendre compte des obstacles qui paraissaient s'opposer
à leur association ; je ne tardai pas à les apercevoir dans les insti-
tutions de nos sociétés savantes, dans lesquelles la science a été
tellement partagée en compartimens invariables, en classifications
sévèrement systématiques, que l'homme qui ambitionne l'honneur
de venir y trouver place, est forcé de retrancher de lui-même tout
ce qui n'entrerait pas naturellement dans la classification. Se pro-
pose-t-il d'entrer dans la section de zoologie ? il doit se condamner
à n'être jamais chimiste, crainte d'avoir à lutter non-seulement
contre les rivalités des zoologistes, mais encore contre les soupçons des concurrens chimistes ; voudra-t-il allier les deux sciences,
il aura pour ainsi dire marié deux idiomes différens, il ne sera plus
entendu de personne, ses travaux resteront sans gloire et sans ré-
compense ; et l'homme abdique rarement ces deux genres de prétentions. De là ce divorce ridicule entre tant de connaissances qui
ne peuvent faire un pas solide sans se prêter un mutuel secours.

Ces obstacles ne me firent pas balancer un instant ; façonné depuis long-temps à toutes les chances de la pauvreté et de l'indé-
pendance, j'avais contracté l'habitude des prétentions modérées,
des espérances vulgaires.

Mon cœur, certes, n'était point fermé au sentiment de la gloire ;
mais la gloire, je la voyais dans la publicité d'un bon écrit, et
non dans l'encens officiel de deux membres d'une académie. J'en-
trai donc dans l'exécution de mon projet, avec la hardiesse d'un
marin devant lequel s'ouvrent des mers nouvelles ; je savais peu
de chose, mais j'avais envie d'apprendre beaucoup. En voyant
combien produisent peu les hommes qui savent tout, je m'étais
de bonne heure fait une idée assez juste de l'omnipotence des connaissances acquises ; *voilà des hommes, me disais-je, qui possèdent
des instrumens précis, des leviers bien puissans ; mais il leur en manque
un plus puissant.encore, c'est cette alliance de la patience qui poursuit,
et de la perspicacité qui compare, alliance qui fait le génie des sciences.
Au lieu de commencer par apprendre à la fois tout ce que ces hommes ont
appris, je vais prendre chaque jour, de ce que ces hommes savent si inu-*

tilement, ce dont j'aurai besoin pour parvenir à une vérité nouvelle ; les vérités sont simples, intelligibles : elles rentrent dans le cadre des phénomènes les plus faciles à retenir ; je ne me croirai sûr d'en avoir trouvé une qu'au moment où le résultat que j'aurai obtenu sera abordable aux intelligences ordinaires ; et alors je le publierai en face des académies ; je suis certain que quelques-unes de leurs sections, à qui jusqu'à ce jour on a présenté tant de savantes incertitudes et de brillantes obscurités, n'oseront pas se décider à comprendre des idées aussi simples que les miennes ; ce sera là une contre-épreuve, et je me retirerai satisfait. Peut-être importunés de la voix d'un inconnu, quelques auditeurs s'écrieront : « ce qu'il nous dit là, tout le monde l'aurait trouvé de même : c'était facile à prévoir ; » je m'enorgueillirai de ces paroles, en pensant que personne ne l'avait prévu, et je continuerai avec plus d'ardeur encore à mériter de pareils reproches.

Cette résolution une fois prise, je ne pense pas m'en être écarté dans une seule de mes publications scientifiques ; et ce sont là les seules règles générales que je crois pouvoir donner à ceux à qui il plairait de courir cette carrière nouvelle ; car, si le hasard nous fournit presque toutes les occasions de nos découvertes, il faut être bien convaincu que l'art de comparer peut seul féconder ces germes inertes que le hasard jette au-devant de nous. Ne formons aucune opinion d'avance ; que nos prévisions ne nous servent qu'à démontrer la route de l'analogie ; ne publions rien que lorsque la dernière contre-épreuve sera venue confirmer, d'une manière péremptoire, l'une ou l'autre des solutions que nous aurons pu entrevoir. Il m'a fallu quelquefois un an pour arriver à un résultat qui se réduit à deux ou trois lignes ; mais les recherches qui m'ont amené à un résultat si peu volumineux, m'ont appris vingt procédés pour arriver à des résultats d'un autre ordre, dont j'ai souvent fait marcher de front la recherche et la démonstration. Les procédés connus ne m'ont jamais servi de rien ; il a fallu en trouver d'autres qui, sans ce genre de recherches, n'auraient jamais eu la moindre utilité.

Mais le nombre de ces résultats si longuement obtenus a fini par devenir si grand, leur nature variée a exigé que je les publie dans un si grand nombre de recueils séparés, que bientôt ils ont fini par échapper aux recherches mêmes des auteurs avides de plagiat. Cependant ils sont tous tellement déduits les uns des autres, ils s'expliquent tellement tous les uns par les autres,

tant de circonstances, que je n'ai évaluées que quelques années plus tard, se rattachent si naturellement à celles que j'avais
vues dès les premières années, que toutes les personnes qui s'in-
téressent à mes recherches m'ont fait sentir la nécessité de les lier
dans un travail d'ensemble, et de les présenter telles que je les
conçois aujourd'hui. C'est là le motif qui m'a décidé à publier
cette série de mémoires. Ce n'est point une classification que j'en-
treprends de faits chimiques ou physiologiques; c'est une théorie
générale de l'organisation qui va découler d'elle-même d'une série
de faits que j'ose regarder comme bien observés. J'aurai soin, à
chaque exemple, de décrire les procédés, de les mettre à la portée de toutes les classes des lecteurs. Je publierai peu à la fois, afin
qu'on ait le temps de répéter tout ce que je publie; et si mes lecteurs
trouvent une certaine satisfaction à vérifier ce que j'annoncerai,
je leur avoue franchement que ce triomphe aura plus de charmes
à mes yeux que ces couronnes académiques, trop prodiguées ou
trop aventurées pour flatter encore l'amour-propre d'un ami de
la vérité (1).

Analyse microscopique de la fécule et ses analogies.

1. Les phénomènes de la nature ont des rapports si intimes les
uns avec les autres, ils se tiennent par tant de points de contact,
qu'on peut indifféremment prendre tel ou tel point de départ lorsqu'on se propose de les étudier les uns par les autres. Je commen-
cerai de préférence par l'étude de la *fécule*; non-seulement afin
de ne pas trop déranger l'ordre chronologique de mes travaux,
mais encore parce que les conséquences nombreuses qui en dé-
coulent naturellement, s'étant classées méthodiquement dans mon
esprit à la faveur des longues méditations que j'ai consacrées depuis cinq ans à leur étude, je pourrai les exposer et les énoncer

----

(1) M. Deleuil, opticien fort intelligent, demeurant rue Dauphine, n° 24,
se charge de fournir à bon compte aux savans tous les instrumens nécessaires
à l'étude des phénomènes dont j'aurai à parler. Il exécute, pour le prix de
50 francs, des loupes montées, élégantes et commodes, analogues à la loupe,
certes bien plus modeste mais plus difficile à manier, dont j'ai fait usage dans
la plupart de mes recherches.

plus clairement, puisque c'est dans cet ordre que j'ai appris à bien les concevoir.

2. Si l'on râpe au-dessus d'un tamis en crin et sous un petit filet d'eau, un tubercule de pomme de terre ou un bulbe de tulipe, il se déposera, au fond du vase qui reçoit le liquide filtré, une couche blanche. On décantera l'eau jusqu'à ce qu'elle ne soit plus laiteuse, après avoir eu soin de l'aiguiser d'un acide, tel que l'acide acétique, pour enlever les sels terreux les plus ordinaires; on fera sécher spontanément cette couche blanche, qui s'offrira alors comme une poudre impalpable, insoluble dans l'eau froide, susceptible d'épaissir dans l'eau bouillante, et se colorant en bleu par la solution d'iode. C'est là la substance qu'on nomme *fécule amylacée, amidon*, et dont les qualités nutritives ont été connues dans l'ancien comme dans le nouveau monde, de temps immémorial.

3. A l'œil nu son aspect est cristallin; mais au microscope elle n'offre que des grains isolés, arrondis, de forme et de dimensions variables, non seulement dans les divers végétaux, mais encore dans le même végétal; *voyez* la planche 10. Ainsi la fécule de pomme de terre, fig. 1, dont les plus gros grains atteignent $\frac{1}{8}$ de millimètre, diffère immensément de la fécule de petit millet dont les plus gros ne dépassent pas $\frac{1}{100}$ de millimètre : rien de plus varié que les formes qu'affectent les grains de fécule de la première; rien de plus uniforme que les grains de fécule du petit millet, autant que la faiblesse du grossissement employé pour les observer permet de les dépeindre.

4. Ces grains grossissent avec l'âge du végétal ou de l'organe qui les renferme. Ainsi, dans le péricarpe de l'ovaire des graminées avant la fécondation, ils ne dépassent pas $\frac{1}{100}$ de millimètre, tandis que dans le périsperme de l'ovaire mûr de la même céréale, ils atteignent $\frac{1}{20}$ (fig. 12). Dans d'autres plantes ils changent de forme en grossissant; ainsi, dans les tubercules d'iris de Florence ou de Germanie, on les trouve d'abord en juin avec la forme et les dimensions de la figure 13. Quelque temps après (en automne quand on les laisse végéter dans la terre; en quinze jours quand on les abandonne à l'air libre, dans un endroit peu éclairé) on les retrouve avec les formes bizarres et la taille de la fig. 14.

5. Ils varient de forme et de grandeur dans les divers organes

du même végétal. Dans la graine des *Chara hispida* (*gyrogonite des géologues*) (1), on trouve la fécule avec les formes et les dimensions apparentes de la figure 3 ; et dans les articulations de la même plante, avec les formes et les dimensions apparentes de la figure 4. Nous reviendrons sur toutes ces formes en particulier, après avoir étudié la forme et la structure générale.

6. Si l'on place un grain de fécule sur le porte-objet au foyer du microscope, sa forme ne variera par aucun grossissement, ni avec aucun microscope. Il n'en sera pas de même des ombres qu'on remarque sur ses contours.

Si l'on observe le grain de fécule à sec, son pouvoir réfringent étant bien différent de celui de l'air ambiant, il s'ensuivra que, parmi les rayons par lesquels on cherche à éclairer cette petite sphère plus ou moins informe, ceux qui tomberont obliquement sur sa surface inférieure seront fortement déviés à leur entrée et à leur sortie, et qu'il n'arrivera presque au foyer du microscope que les rayons qui auront traversé le centre du globule, lequel apparaîtra alors comme une boule noire percée au milieu d'un point blanc et arrondi (fig. 21) ; ou bien comme une perle noire plus ou moins allongée, percée d'une ouverture lumineuse et elliptique (fig. 22). Il arrive au grain de fécule observé dans l'air ce qui arrive à une bulle d'air observée dans l'eau, et leur image est alors presque

---

(1) Dans le *Bulletin de la Société Philomatique* de 1826, M. de Blainville, au nom de M. Cassini, a entrepris de démontrer que l'organe qui, jusqu'à ce jour, avait passé pour la graine de *Chara*, n'était que le jeune bourgeon des rameaux de cette plante ; et qu'ainsi il fallait voir la graine dans l'organe rouge que certains auteurs ont pris pour le pollen. La figure que M. de Blainville montra à cette occasion, dans une des séances de la Société, suffit pour nous convaincre que M. de Cassini n'avait pas connu la véritable graine ; ce qu'il donnait pour le bourgeon des rameaux n'a jamais reçu d'autre nom de la part des auteurs. Crainte que l'on ne commette, en cherchant la fécule de la graine de *Chara*, la méprise de MM. de Blainville et de Cassini, j'ai eu soin de dessiner cet organe sur la planche 9 de cette livraison, fig. 1, *b*. On voit en *c* ce que les auteurs considèrent comme l'organe mâle. Le bourgeon se trouve toujours à l'aisselle des rameaux (*c c*), la graine (*b*) existe exclusivement, à l'aisselle de deux petites stipules tubulées, sur la longueur des rameaux eux-mêmes. Quant à la fécule des articulations de la même plante, il faut la chercher en *f* fig. 1, pl. 9.

identique. (*Voy.* pl. 2, du tom. I, de *nos Annal.*, fig. 11 *f'*, et pl. 9, du tom. II, fig. 12 *a'*.)

7. Si l'on place, au contraire, le grain de fécule de pomme de terre (fig. 1) dans l'eau, alors son pouvoir réfringent, différant peu de celui du liquide ambiant, le grain s'offrira comme une belle perle de nacre, et sa transparence pourra être telle, qu'on ne le distinguera bien que par ses contours (fig. 23, pl. 10).

8. Il reste pourtant encore un moyen de diminuer cette transparence; c'est de diminuer le diamètre du cône lumineux qu'on réfléchit sur la surface inférieure du grain de fécule; on peut se servir à cet effet d'un diaphragme percé de trous de divers diamètres. On arrivera à un tel point, que le grain de fécule observé dans l'eau offrira presque les mêmes ombres que dans l'air atmosphérique; ce qui vient de ce qu'à la faveur de ce diaphragme, on diminuera le nombre des rayons qui seraient tombés perpendiculairement sur la surface inférieure du grain de fécule, et qu'on y fera tomber au contraire un plus grand nombre de rayons obliques, qui n'arriveront pas jusqu'au foyer du microscope.

9. Mais alors, si l'on approche le porte-objet, de manière que le centre du grain de fécule ne se trouve plus au foyer du microscope, l'effet contraire aura lieu. Le centre du grain s'offrira comme un point noir enchâssé dans une auréole éclairée, ou comme un noyau emprisonné dans un sac, pour me servir de l'expression des observateurs qui, en parlant des globules du sang, ont été souvent dupes d'une illusion semblable. Avec une ouverture plus grande du diaphragme, au lieu d'un point noir, toute la partie auparavant éclairée de ce grain de fécule paraîtra bleue. Le même effet a lieu à la vue simple, si l'on considère les figures 6 de la planche 10, de cette manière vague qui fait, pour ainsi dire, qu'on regarde sans voir; toute la partie blanche paraîtra bleuâtre, la partie ombrée paraîtra blanche.

10. Si l'on verse une goutte de solution aqueuse d'iode sur les grains de fécule qu'on observe au microscope, on verra ces belles perles de nacre se colorer peu à peu et successivement en purpurin, en violet, en bleu clair, et ensuite en bleu très-foncé, si l'iode est en excès (pl. 10, fig. 2 *a*); ils apparaîtront alors comme de beaux grains de verroterie colorés; mais ils ne changeront, en se colorant, ni de forme ni de dimensions. Si l'on verse ensuite de l'ammo-

niaque liquide, ou de la potasse caustique très-étendue d'eau, ou de la chaux caustique étendue ; à la faveur des hydriodates qui vont se former, la couleur bleue abandonnera les grains, qui reprendront leur première transparence nacrée, sans avoir rien perdu ni de leur forme ni de leurs dimensions respectives. On pourra les colorer une seconde fois par l'iode, et les décolorer par un alcali étendu, et ainsi de suite presque indéfiniment, sans que ces grains deviennent en rien altérés par cette alternative de réactions ; seulement le liquide tenant en dissolution une plus grande quantité de sels qu'auparavant, et acquérant ainsi un pouvoir réfringent différent de la première fois, les grains de fécule sembleront perdre à la longue un peu de leur première clarté ; on pourra la leur rendre en étendant d'eau le liquide. Il est évident, par cette expérience, que ces phénomènes n'indiquent qu'une simple coloration, et non une combinaison d'atome à atome, comme on entendait la désigner par le mot d'*iodure d'amidon*. Nous reviendrons sur ce point dans le chapitre des applications.

11. Les formes arrondies, l'isolement réciproque, l'accroissement successif des grains de fécule, leur coloration par l'iode et leur décoloration par les alcalis étendus, tout enfin semble faire naître la pensée que les granulations, qu'on regardait comme des cristaux, pourraient bien être des organes ; les expériences suivantes démontrent avec évidence l'exactitude de cette proposition.

12. Les grains de fécule, au sortir des organes qui les recèlent, sont mous et fortement ombrés sur leurs bords. Si l'on parvient à les atteindre sur le porte-objet avec une pointe d'aiguille, ils s'écrasent sous la pression, se vident dans le liquide, et bientôt il ne reste plus d'eux-mêmes qu'un sac plissé, déchiré sur un des côtés, tel qu'on en voit une (fig. 3 *a*) appartenant à la fécule de *Chara*. Après leur dessiccation ou leur ébullition dans l'alcool concentré, ils sont plus durs et plus transparens, et ils glissent alors facilement sous la pointe de l'aiguille.

13. Mais qu'on pétrisse de la fécule de pomme de terre dans la gomme arabique ; qu'on en compose un cylindre qu'on laissera sécher à l'air ; que l'on ratisse ensuite un des bouts du cylindre avec un instrument tranchant, en laissant tomber les raclures dans un verre de montre plein d'eau distillée ; qu'on laisse tremper l'autre bout du cylindre dans l'eau d'un autre verre de montre ; si l'on

examine, quelques heures après, les deux verres de montre au microscope, on ne trouvera presque que des vésicules déchirées et
plissées (fig. 5 *a a a a*) dans le premier verre de montre ; et dans le
second, tous les grains de fécule se montreront tout aussi-bien conservés qu'auparavant (fig. 1). Si la fécule a été écrasée et broyée,
telle que l'est la fécule des diverses farines, les vésicules déchirées
(fig. 5 *a a a a*) s'y montrent aussi abondamment que dans le premier verre de montre dont je viens de parler.

14. Que l'on soumette sur une lame de fer une petite quantité
de fécule à l'action des charbons incandescens ; dès que les couches
inférieures se montreront charbonnées, qu'on jette les couches
supérieures dans l'eau du porte-objet, que l'on aura légèrement
alcoolisée, tout à coup il s'établira des courans rapides dans différens sens, les grains de fécule passeront sous les yeux de l'observateur avec la rapidité de l'éclair ; et c'est à la faveur de cette petite tempête microscopique qu'on pourra voir de longues traî-
nées d'une substance soluble sortir de l'intérieur de chaque grain
crevassé, ou de chaque calotte des grains éclatés ; bientôt il ne restera plus sur le porte-objet que des vésicules plissées, mais dont
le diamètre ne sera pas beaucoup plus grand que celui des grains
de la même fécule.

15. Si l'on jette une certaine quantité de grains de fécule dans
une grande quantité d'eau en ébullition, et qu'on examine ensuite
le liquide au microscope, après son refroidissement, crainte que
la vapeur d'eau n'obscurcisse le porte-objet, on verra flotter, dans
le liquide, des vésicules infiniment légères et transparentes (fig. 2 *a'*),
plus grandes vingt fois peut-être que les plus gros grains de la
même fécule. Plus on prolongera l'ébullition, plus ces vésicules
s'étendront et deviendront transparentes ; bientôt elles se déchire-
ront, leurs lambeaux se granuleront et offriront de nouveaux globules qui augmenteront en diamètre à leur tour. Ces lambeaux et
leurs débris resteront insolubles, même après 80 heures d'ébullition.

16. Si l'on abandonne à elle-même, après quelques heures d'é-
bullition, la fécule dissoute préalablement dans une assez grande
quantité d'eau un peu alcoolisée, au bout d'un à deux jours, toutes
les vésicules que (fig. 2 *a'*) j'ai nommées *tégumens* se précipiteront
au fond du vase, sous forme de flocons ou de *détritus* blancs comme

la neige; l'on pourra obtenir séparément, par décantation, ces tégumens et la substance soluble qui en est sortie, et qui est dissoute par l'eau devenue limpide, dont les tégumens sont surmontés. La faible addition d'alcool dont j'ai parlé est destinée à prévenir la fermentation qui nous occupera ci-après.

17. On peut assister aux phénomènes les plus intimes de l'ébullition de la fécule, à l'aide de l'appareil suivant : qu'on place sur un porte-objet un verre de montre plein d'eau distillée, dans laquelle on aura eu soin de déposer des fibrilles de coton et des grains de fécule; qu'au lieu d'un miroir réflecteur on emploie une lampe dont la flamme serve à échauffer, et en même temps à éclairer l'objet, il ne restera plus, pour être témoin de l'effet de la chaleur sur le grain de fécule, que d'empêcher que la vapeur d'eau ne vienne couvrir l'objectif. Pour cela, on enveloppera le tube de l'objectif de l'extrémité imperforée d'une éprouvette à minces parois, que l'on tiendra plongée dans l'eau du verre de montre; de cette manière on s'opposera à ce que la vapeur d'eau couvre l'objectif, et que l'eau se glisse dans l'intérieur du tube du microscope. Les fibrilles de coton sont destinées à retenir emprisonnés quelques grains de fécule qui, sans cette circonstance, auraient été soustraits à l'observateur par les courans de l'ébullition. Or, dès les premières impressions de la chaleur, on verra le grain de fécule se dilater, devenir plus transparent, s'aplatir et s'affaisser, et se vider comme un sac, jusqu'à n'offrir presque plus de consistance.

18. Il est évident que toute réaction capable de faire dégager de la chaleur en quantité suffisante, produira sur le grain de fécule les mêmes effets que l'ébullition de l'eau; or, ce n'est pas pour un autre mécanisme que les alcalis caustiques et les acides paraissent dissoudre en entier la fécule.

Si l'on verse de l'acide sulfurique concentré sur une goutte d'eau, dans laquelle on aura déposé quelques grains de fécule, tout à coup les grains de fécule s'étendront et se videront sous les yeux de l'observateur. Si, au contraire, on sature l'acide d'eau, et qu'après le refroidissement du mélange on y jette quelques grains de fécule, ils resteront aussi intègres que dans l'eau pure. Il en sera de même avec la potasse caustique.

19. Si l'on jette quelques grains de fécule sur une goutte d'acide

sulfurique concentré, par un temps très-sec, les grains ne se mouillant pas et restant à la surface de l'acide, paraîtront plus noirs et par conséquent plus petits que dans l'eau pure; et ils n'éclateront pas. Mais, dès que l'on versera sur l'acide une goutte d'eau, ces grains éclateront et s'étendront dans le mélange; ils deviendront même si transparens qu'il faudra diminuer l'intensité de la lumière pour bien apercevoir les contours de leurs tégumens.

20. Si l'on jette des grains de fécule sur une goutte d'acide nitrique ou hydrochlorique concentré et fumant, exposé à l'air, les grains éclateront aussitôt. Mais si l'on s'oppose au dégagement de chaleur que produit l'avidité de ces acides pour l'eau, en faisant l'expérience sans le contact de l'air, par exemple en jetant les grains de fécule dans un petit tube plein de ces acides et qu'on bouchera aussitôt, il sera facile de voir que le plus grand nombre des grains de fécule, c'est-à-dire ceux qui n'auront pas assisté au dégagement de calorique, resteront intègres pendant assez long-temps.

21. Pour s'assurer que l'action de l'acide sulfurique, par exemple, n'a point altéré les propriétés respectives des tégumens et de la substance soluble, il faudra étendre d'eau l'acide, le saturer par la craie, filtrer à plusieurs filtres; les tégumens resteront sur le filtre, emprisonnés entre les aiguilles du sulfate de chaux, et la substance soluble passera limpide. On pourra encore isoler les tégumens du sulfate, par la lévigation, lorsque le mélange n'en sera pas encore tassé; car les aiguilles du sulfate de chaux se précipiteront toujours les premières. On aura ainsi les deux substances en état d'être comparées avec celles qu'on aura obtenues par l'ébullition dans l'eau pure (§ 16).

22. Les tégumens obtenus par l'un et l'autre procédés seront également colorables en bleu par l'iode (pl. 10, fig. 2, *b*); et c'est à la faveur de la contraction, et de l'intensité de la coloration que l'iode leur communique, qu'on verra qu'en se vidant ils s'étaient déchirés sur une portion quelconque de leur surface.

23. La substance soluble dans l'eau se coagulera par l'alcool, par les acides concentrés, par l'infusion de noix de galle, etc., ne perdra point sa solubilité par la dessiccation à un feu modéré, et se colorera en bleu par l'iode, comme le font les tégumens.

24. *Action du temps sur la fécule intègre, et dont les tégumens n'ont pas éclaté.* — La fécule paraît inaltérable au contact de l'air pur, pendant un laps de temps indéfini ; ses grains m'ont paru tout aussi peu altérés après un an de séjour dans l'eau pure, qui se trouvait placée à l'abri de toute circonstance capable d'en élever la température à un degré suffisant, pour faire éclater les granules d'une manière plus ou moins rapide.

25. Dans le cas contraire, les granules éclatent dans un espace de temps plus ou moins court, selon le degré de chaleur qui se développe. Car le temps n'est pas un réactif, c'est simplement une mesure. Des qu'on met en contact un organe avec un agent quelconque, l'action chimique a lieu ; mais alors elle est souvent inappréciable, parce que les organes (substances insolubles) ne peuvent être attaqués que par couches. Or, à mesure que les couches intérieures sont successivement attaquées, la somme des résultats, inappréciables par eux-mêmes, finit par devenir appréciable à nos moyens d'observation ; et nous disons alors, quoique improprement : *Le temps a produit ce phénomène.* En fait d'observations et d'expériences, le mot de temps équivaut donc à cette périphrase : *L'époque à laquelle des résultats successifs égaux entre eux, mais infiniment petits, deviennent assez nombreux pour former une somme appréciable.*

Je suppose que l'eau renferme une certaine quantité de substances fermentescibles mêlées avec la fécule ; la chaleur résultant de la fermentation fera éclater subitement les grains de fécule, si elle est considérable ; ou bien, elle obligera ces grains à s'étendre et à se vider insensiblement : en sorte qu'au bout d'un certain temps l'eau pourra ne renfermer que des tégumens plus ou moins altérés ; c'est ce qu'on observe, lorsqu'on laisse la farine ordinaire dans l'eau exposée au contact de l'air.

26. Quoique l'iode ait une grande affinité pour la surface des grains de fécule intègres, cependant, si on laisse le mélange exposé à l'air, on voit la couleur bleue passer au rouge de brique foncé par la dessiccation, et bientôt les grains de fécule reprennent leur première blancheur. L'iode est alors évaporé presque entièrement.

27. Si l'on verse une faible quantité de solution d'iode sur la fé-

cule déposée dans l'eau ordinaire, la fécule, d'abord légèrement colorée en bleu, se décolore rapidement. Si la quantité d'iode est en excès, la décoloration tarde plus long-temps à s'effectuer. Mais, au bout de six mois de séjour dans l'eau ordinaire, la fécule, d'a-bord colorée en bleu, a repris son éclat et sa blancheur. Cependant, si l'on verse alors dans l'eau une faible quantité d'un acide quelconque, la couleur reparaît aussitôt, d'une manière moins intense à la vérité que la première fois. L'explication de tous ces phénomènes n'est pas difficile à trouver; l'eau ordinaire renferme certains sels capables de saturer l'iode pour former des hydrio-dates; l'iode sera donc enlevé à la fécule avec d'autant plus de rapidité, que la réaction de ces sels sera plus énergique, et que les proportions de l'iode seront plus faibles. D'un autre côté, l'iode est très-volatil; il tend à chaque instant à abandonner la fécule. Enfin, il se forme aussi dans cette eau de l'ammoniaque, comme dans toutes les eaux renfermant des détritus de corps organisés. C'est pourquoi une assez grande quantité d'iode pourra exister encore au bout de six mois dans la fécule décolorée. Si l'on verse alors un acide dans le mélange, l'iode remis en liberté se reportera sur la fécule, et la colorera en bleu trop intense, pour qu'on soit autorisé à penser que sa saturation était due aux seuls carbonates terreux que cette faible quantité d'eau était capable de renfermer.

28. La couleur bleue, communiquée par l'iode à la fécule, disparaît avec l'évaporation des parties aqueuses, et elle est remplacée alors par une couleur marron terne; cette couleur bleue reparaît par l'addition de l'eau ou d'un acide hydraté. Dans un flacon bou-ché, la couleur marron se conserve indéfiniment.

29. *Action du temps sur la fécule dont les tégumens ont éclaté par la chaleur.* — Nous avons vu (16) que la fécule bouillie dans un grand excès d'eau distillée, ne tarde pas à se séparer en deux par-ties bien distinctes; l'une, qui se précipite au fond du vase avec l'aspect d'une poudre blanche tremblotante et facile à remonter en suspension au moindre mouvement, et l'autre, entièrement dis-soute dans l'eau, dont elle ne trouble en aucune manière la lim-pidité. Ce départ peut être paralysé par une fermentation trop promptement établie, dans les grandes chaleurs de l'été; mais, en un jour, il a complètement lieu par une température moyenne.

Pour prévenir la fermentation, il suffit, ou d'avoir lavé la fécule à l'alcool, ou d'en déposer quelques gouttes dans le liquide bouilli.

3o. La substance soluble isolée de ses tégumens, soit à l'aide du syphon ou de la pipette, soit par l'intermédiaire d'un filtre composé de plusieurs couches de papiers sans colle, présente les caractères suivans : jamais on ne voit se développer dans son sein aucune bulle de fermentation; elle n'acquiert aucune odeur, elle ne donne aucun signe d'acidité ou d'alcalinité aux papiers réactifs, et cela même après six mois d'exposition à l'air libre. L'iode la colore en bleu les premiers jours, et y détermine des *coagulum* de la même couleur, qui disparaissent avec la couleur bleue dans l'espace de quelques heures ou d'un jour, selon les doses de substances employées. Une nouvelle quantité d'iode détermine les mêmes phénomènes; mais en répétant ces expériences, on s'aperçoit que la coloration par l'iode se rapproche de plus en plus du purpurin, et qu'enfin, avec le temps, la substance soluble ne se colore plus du tout par l'iode, même à l'aide d'un acide. Cependant, cette substance soluble jouit de toutes ses autres propriétés essentielles; elle se coagule par l'alcool, les acides concentrés, la noix de galle, etc.; concentrée par la chaleur, elle s'offre exactement avec tous les caractères des gommes ordinaires; elle prend par la dessiccation un œil jaunâtre, et se fendille exactement comme une couche de gomme arabique.

31. On peut produire en un jour, et artificiellement, sur la substance soluble cet effet que le temps produit. Si l'on fait évaporer en couches très-peu épaisses, et à une température un peu élevée, la substance soluble obtenue fraîchement par le départ des tégumens, enfin si l'on torréfie cette substance, elle refusera de se colorer par l'iode, tout en conservant ses propriétés primitives.

32. Les tégumens, bien lavés sur le filtre, se colorent toujours en bleu plus ou moins intense, même après une torréfaction suffisante. Ils se prennent alors en pellicules, se tassent, forment des exfoliations, et, si on enlève mécaniquement ces couches (ce qu'on ne peut faire sans les briser et les réduire en miettes), la portion de chacune de ces parcelles qui se trouvait appliquée contre les parois de la capsule, réfléchit la lumière, comme le ferait une paillette de *mica*.

33. D'autres phénomènes s'offrent à l'observation, lorsqu'on expose au contact de l'air la substance soluble surmontant ses tégumens tassés au fond du vase : si la température est suffisamment élevée (25° cent. environ), on ne tarde pas à voir des millions de bulles monter vers la surface ; et l'on peut s'assurer que chacune de ces bulles part exclusivement du sein de la masse des tégumens. Bientôt l'odeur du liquide devient aigrelette ; il rougit le tournesol, et enfin une odeur caséique se dégage et acquiert une telle intensité, qu'on peut la saisir à une assez grande distance. Si l'on fait évaporer, on obtient une substance déliquescente, granulée, qui a tout l'aspect et l'odeur du fromage longuement exposé à sa propre décomposition.

34. Ces effets sont plus rapides et plus prononcés si, au lieu de n'exposer qu'une seule fois la fécule à l'ébullition, on réitère l'ébullition à plusieurs reprises. J'avais fait bouillir huit heures par jour de la fécule, pendant un mois, dans un grand excès d'eau ; je déposai, le 5 avril 1826, cette substance dans un flacon bouché à l'émeri, mais renfermant la moitié de sa capacité d'air atmosphérique. Les tégumens se précipitèrent bien plus lentement qu'à l'ordinaire ; la fermentation s'établit plus rapidement. Le 31 mai, je débouchai le flacon ; le bouchon fut repoussé avec une forte explosion ; le papier tournesol, suspendu au goulot, rougit sensiblement ; une allumette enflammée, introduite dans le goulot, produisit une détonation violente, accompagnée d'une flamme assez vive ; l'allumette resta incandescente assez long-temps dans le flacon. Le papier tournesol, trempé dans le fond du liquide, et non a la surface, rougissait sur ses bords ; mais, exposé à l'air, il était ramené au bleu. L'odeur du vase était aigrelette et analogue à celle du fromage qui commence à aigrir. Je rebouchai le flacon ; le 10 juin, je l'ouvris encore ; le bouchon fut repoussé avec la même explosion que la première fois ; la substance soluble ne se colorait plus par l'iode. Le 9 juillet, le flacon s'ouvrit avec une moindre explosion ; le liquide à la surface même rougissait le tournesol ; une odeur fétide de vieux fromage s'en dégageait de manière à infecter le local dans lequel je faisais l'expérience. Évaporée convenablement, cette substance, au lieu de présenter les caractères ordinaires d'une gomme, s'offrait sous l'aspect d'une substance jaunâtre, molle, luisante, grenue, déliquescente, sem-

blable à un grumeau de graisse rance qu'on aurait obtenu par évaporation, ou plutôt à la croûte humide et grenue de certains fro-
mages ; elle laissait sur la langue une impression de chaleur,
semblable à celle qu'y produit la viande qui a été rôtie jusqu'à un
commencement de carbonisation. L'alcool et l'eau la redissolvaient
également ; mais, délayée dans l'eau, elle ramenait au bleu le papier rougi par les acides. En 1828, elle conservait encore son odeur
infecte et toutes ses propriétés, quoique pendant tout ce temps
elle fût restée exposée à l'air libre.

35. *Action du temps, soit à l'aide de l'eau, soit à l'aide des acides
et des alcalis sur les tégumens de la fécule.* — Quand les phénomènes
de fermentation n'ont pas lieu dans la substance bouillie de la fécule, phénomènes qu'on peut paralyser avec une goutte d'alcool
ou une parcelle de camphre, les tégumens se conservent avec leurs
premières formes, leur premier aspect et leur première propriété
de se colorer en bleu par l'iode. Ainsi, j'ai conservé pendant deux
ans, dans un flacon bouché à l'émeri, et à demi rempli d'air, de la
fécule bouillie dans un grand excès d'eau distillée. Les tégumens
observés au microscope avaient conservé leur première forme vésiculeuse sans aucune altération (pl. 10, 2 a'), et se coloraient en
bleu d'une manière aussi intense que les premiers jours (b).

36. Lorsque la fermentation s'établit dans le liquide, les tégumens se déforment chaque jour; mais, en se déformant, leur tissu
devient granulé, et se couvre de globules très-petits; peu à peu
leur coloration au moyen de l'iode passe par toutes les nuances
imaginables du bleu au purpurin, couleur que refusent de ramener
au bleu les acides ; enfin, leurs détritus, à une certaine époque, ne
se colorent plus, si ce n'est en jaune, par une solution iodée.

37. Le même effet se reproduit par une ébullition prolongée
(24 heures environ). Les tégumens s'étendent d'abord presque
indéfiniment dans le liquide ; bientôt ils se déchirent irrégulière-
ment, et leurs lambeaux se couvrent de granulations arrondies
d'un diamètre à peu près égal ($\frac{1}{200}$, $\frac{1}{250}$, $\frac{1}{300}$), qui grossissent sensiblement à leur tour. Plus on prolongera l'ébullition, plus ces dé-
tritus de tégumens tarderont à se précipiter par le refroidissement
et par le repos au fond du vase ; il faudra quelquefois un mois
pour que la substance soluble soit bien isolée de ses tégumens dé-

chirés, tandis que, après une heure d'ébullition, les tégumens intègres n'emploieront tout au plus qu'une demi-journée pour se tasser au fond du vase.

38. L'acide nitrique dans lequel on a déposé de la fécule intègre acquiert en vingt jours une couleur verdâtre. Toute la partie vide du flacon bouché à l'émeri devient, par le dégagement de l'acide nitreux, d'une couleur rougeâtre et rutilante. Les tégumens finissent par disparaître en entier dans cet acide, qui ne tarde pas à se décolorer et à reprendre tout sa diaphanéité, sauf quelques *détritus* que la loupe y fait découvrir en regardant le flacon à travers jour.

39. L'acide hydrochlorique pur et concentré se comporte d'une autre manière; l'acide devient d'abord jaunâtre et passe ensuite au noir jayet. Observé au microscope, il offre des myriades de globules noirs, tenus en suspension dans un liquide incolore. En chimie, or aurait pris cette suspension pour une véritable dissolution. Si l'on étend d'eau l'acide, tous les granules se précipitent pour former une couche noire occupant le fond du vase, et surmontée d'un liquide incolore et très-limpide. Si on lave sur un filtre cette poudre noire, on trouvera ensuite qu'elle n'a perdu aucune de ses propriétés, qu'elle monte en suspension dans l'eau par l'élévation de température, et qu'elle s'en précipite par le refroidissement.

40. On peut assister à la succession des phénomènes les plus intimes qui ont lieu dans le cours de cette réaction. Soient deux lames de verre dans l'une desquelles on ait pratiqué une cavité en segment de sphère, et qui puissent glisser l'une sur l'autre à frottement. Que l'on remplisse la cavité d'acide hydrochlorique concentré, dans lequel on aura eu soin de déposer des parcelles de fécule de pomme de terre; qu'on fasse glisser ensuite la lame simple sur la lame creusée, sans permettre à l'air atmosphérique de pénétrer dans la cavité, tous les grains de fécule éclateront sous l'influence du calorique qui se dégagera pendant l'opération; mais un mois après, on commencera à voir les tégumens se couvrir de granulations, dont la plupart auront $\frac{1}{300}$ de millimètre. Le liquide, ainsi que le tissu des tégumens, contractera de plus en plus une couleur roussâtre, et les globules de $\frac{1}{200}$ de millimètre

commenceront à leur tour à se subdiviser. Un mois après, on apercevra des globules de $\frac{1}{400}$ de millimètre, et le phénomène restera alors stationnaire, si l'acide a épuisé toute son action.

41. Si dans le même appareil on met la fécule en contact, non avec l'acide, mais avec la potasse ou la soude caustique, la fécule éclatera de la même manière à la faveur du dégagement de calorique qui aura lieu par la combinaison de la potasse et de l'eau ; la substance soluble se coagulera en plaques membraneuses ; les tégumens se granuleront, mais moins que dans l'acide. La couleur jaunâtre restera stationnaire indéfiniment.

42. La fermentation de la farine produit à la longue sur les tégumens de la fécule les mêmes granulations que l'action des acides ou de l'ébullition.

43. *Rectification de l'ancienne théorie des phénomènes de l'amidon, à l'aide de ces nouvelles expériences.* — En général, les recherches qui rencontrent le plus d'opposition parmi les savans, ne sont pas celles qui ajoutent de nouveaux faits aux faits déjà connus, mais bien celles dont les résultats renversent des théories reçues, et rendent nécessaire l'adoption d'un cadre nouveau. L'homme cherche à apprendre jusqu'à ses derniers instans ; mais il rougit, pour ainsi dire, d'avoir à désapprendre ; dans le premier cas, il n'a qu'à satisfaire le besoin de la curiosité ; dans le second , il paie une espèce de tribut à la faiblesse de la raison humaine ; or, on ne se soumet à cette obligation qu'à la dernière extrémité, et alors qu'on a épuisé tous les moyens de résistance. Voilà la cause du soulèvement qui se manifeste parmi nos anciens chimistes, toutes les fois surtout qu'un inconnu vient leur révéler de nouveaux procédés et une nouvelle théorie. Il a fallu subir quatre ans de sarcasmes, de diatribes et de misérables procédés, avant de les voir se décider à adopter les principes que j'expose.

Je profite de la bonne disposition dans laquelle se trouvent aujourd'hui les esprits, pour mettre en parallèle la théorie ancienne et la théorie nouvelle ; c'est le meilleur moyen de faire apprécier combien les mêmes faits s'expliquent plus facilement dans l'une que dans l'autre.

(24)

<table>
<tr><td>Théorie ancienne.</td><td>Théorie nouvelle.</td></tr>
</table>

44. L'amidon se combine facilement avec l'eau bouillante, et forme avec elle un hydrate connu sous le nom d'*empois*.

44. L'amidon est composé de vésicules pleines d'une substance gommeuse durcie. Dans l'eau bouillante, ou même au-dessus de 60° seulement, le tégument externe se distend ou se déchire ; la substance gommeuse se dissout dans l'eau : les tégumens restent en suspension ; ils se précipitent au fond du vase, si l'eau est en excès, et que, par conséquent, les tégumens soient clairsemés dans le liquide. Mais si la fécule est en excès, ils forment, en se pressant et s'ajoutant les uns aux autres, des couches tremblotantes, qui rendent opaque et épaississent le liquide ; c'est ce que l'on nomme *empois*.

45. Cet empois se décompose par la congélation, et l'amidon reprend ses propriétés primitives.

45. Par la congélation, les tégumens se contractant, acquièrent une plus grande pesanteur, deviennent plus clairsemés, et trouvent ainsi moins d'obstacle à se précipiter. Ils apparaissent alors au fond du vase avec l'aspect rigide et craquant de la fécule intègre. Mais la moindre élévation de température va leur rendre leur souplesse et les faire monter en suspension.

46. La potasse caustique communique à l'amidon la propriété de se dissoudre dans l'eau, si on a soin de remuer le mélange au contact de l'air.

46. La potasse caustique, en se saturant d'eau, produit assez de calorique pour faire éclater et pour distendre les tégumens ; la substance soluble peut être dès lors reprise par l'eau, et les tégumens montent en suspension par les mouvemens de l'eau qu'on verse sur le mélange.

47. La dissolution est troublée par les acides, qui, en se combinant avec l'alcali, mettent l'amidon en liberté.

47. Les acides, en contractant les tégumens, diminuent leur légèreté spécifique, et ceux-ci se précipitent plus rapidement. (*Les chimistes qui voyaient dans ce précipité l'existence de l'amidon mis en liberté,*

Théorie ancienne. | *Théorie nouvelle.*

ne s'étaient pas sans doute assurés de la nature de ce précipité ; car, en le faisant dessécher, ils n'auraient pas manqué de se convaincre, d'après leurs principes, que cet amidon était altéré.)

48. Les acides nitrique, hydrochlorique, sulfurique, dissolvent à froid l'amidon.

48. Les acides avides d'eau, mêlés au contact de l'air avec de l'amidon intègre, produisent une chaleur suffisante pour faire éclater les grains féculens. Mais, si on fait les expériences sans le contact de l'air, l'action de ces acides se bornera à altérer à la longue les tissus féculens, en leur soutirant des molécules aqueuses : et pendant quelques jours la fécule pourra ne paraître nullement altérée. Bien loin de dissoudre la fécule, les acides précipitent même la substance soluble ; et, s'ils semblent en dissoudre une partie, après que les tégumens ont éclaté, c'est à la faveur de l'eau qui leur est combinée.

49. L'acide sulfurique forme avec l'amidon un composé cristallisable. Que l'on prenne de l'acide sulfurique étendu de douze fois son poids d'eau ; que l'on dissolve, en élevant un peu la température, l'amidon dans quarante fois son poids de cet acide faible, et que l'on verse de l'alcool dans la dissolution, il en résultera un précipité qui devra être regardé comme un mélange d'eau, d'acide sulfurique, d'amidon et d'un composé cristallin. Si, après avoir lavé le

49. L'alcool, en s'emparant des molécules aqueuses, rapproche et coagule les substances gommeuses ; ce *coagulum* ne peut avoir lieu sans emprisonner les molécules d'acide ou de sel, que tient en dissolution l'eau dans laquelle la substance gommeuse est dissoute, et les tégumens sont tenus en suspension. Dans le cas dont s'occupe l'ancienne théorie, il arrivera donc que l'acide sulfurique s'emprisonnera dans le sein des grumeaux formés par l'alcool aux dépens de la substance soluble et des tégumens de la fécule. Si maintenant on lave les grumeaux avec de l'alcool, ce menstrue emportera les molécules acides qui peuvent recouvrir chacun des grumeaux ; mais il respectera les molécules acides emprisonnées dans une substance que l'alcool ne peut attaquer. En conséquence, la surface de ces gru-

| *Théorie ancienne.* | *Théorie nouvelle.* |

précipité avec l'alcool, pour enlever l'excès d'acide, on verse sur le résidu une petite quantité d'eau, celle-ci dissoudra le composé; mais comme elle en séparera un peu d'amidon, et que par cela même elle mettra l'acide en liberté. il faudra verser la nouvelle liqueur sur un filtre, la faire cristalliser par évaporation spontanée, et délayer à plusieurs reprises les cristaux dans de l'alcool. L'acide libre sera emporté, et le composé d'acide et d'amidon restera pur.

50. L'amidon forme avec l'iode une combinaison que, dans ces derniers temps, on a nommée *iodure d'amidon*. Ces combinaisons sont violettes quand la quantité d'iode est petite, bleues quand elle est un peu plus grande, noires quand elle l'est plus encore. On peut toujours obtenir la plus belle couleur bleue en traitant l'amidon avec un excès d'iode, dissolvant le composé dans la potasse liquide, et préci-

meaux sera neutre, tandis que leur intérieur sera acide. Si, à la place d'alcool, on se sert d'eau, celle-ci, désagrégeant les tégumens en dissolvant la substance soluble, mettra de nouveau l'acide en liberté; mais si, après avoir bien lavé à l'alcool les grumeaux, on les fait dessécher, chaque parcelle, après sa dessiccation, conservera un aspect cristallin, à cause des diverses faces que lui communiqueront ou son application contre les parois du vase ou ses cassures. On croira avoir alors des cristaux résultant d'une combinaison atomistique, tandis que, par le fait, on n'aura devant les yeux qu'un mélange artificiel; toutes ces circonstances sont faciles à constater par l'expérience faite au microscope. Il n'existe donc pas de sulfate d'amidon. Car, bien loin que l'acide sulfurique ait une affinité quelconque pour la fécule, il la précipite de l'eau et ne la dissout pas.

50. L'iode ne forme pas une *iodure d'amidon*, dans le sens propre du mot, avec la fécule intègre; il la colore seulement en s'appliquant sur sa surface, par le même mécanisme en vertu duquel il colore en jaune les autres tissus organiques. Car les alcalis enlèvent l'iode, sans que le grain ait subi la moindre altération sous le rapport de l'aspect ou du diamètre. La faculté de se colorer en bleu par l'*iode* n'est point inhérente à la substance essentielle de la fécule; elle est due à une substance étrangère que la fermentation, l'élévation de la température (torréfaction) sont capables d'éliminer; et, alors, les tégumens et la substance soluble de la fécule, tout en conservant leurs autres propriétés chimiques et physiques, ne se colorent plus

Théorie ancienne.

pitant la dissolution par un acide végétal. MM. Colin et Gauthier de Claubry, et Pelletier ont même annoncé que, outre ces combinaisons de l'amidon et de l'iode, il en existe une qui est blanche, et qui contient le moins d'iode possible.

Théorie nouvelle.

en bleu par l'iode. Si l'on verse de l'ammoniaque caustique dans la fécule en ébullition, la substance soluble se coagule en longs rubans, et alors l'eau se colore en bleu par l'iode, sans qu'elle paraisse renfermer, en dissolution, la substance gommeuse de la fécule. Peut-être serait-il possible, à la faveur de ce procédé, d'obtenir à part la substance étrangère à la fécule, et qui lui imprime sa faculté de se colorer en bleu par l'iode. Le mémoire de MM. Colin et Gauthier de Claubry et celui de M. Pelletier sont appuyés sur des expériences trop vagues, trop peu précises, pour avoir offert une garantie, même sous l'influence de l'ancienne théorie. La prétendue combinaison de l'amidon en blanc était si facile à expliquer, même alors, que ce n'est pas sans une extrême surprise que nous l'avons vue adoptée par des écrivains postérieurs à cette époque. Car les sels de l'eau ordinaire, ou adhérens à la surface des grains d'amidon, tels que le carbonate de chaux, saturent nécessairement une quantité appréciable d'iode ; l'iode est volatil ; une petite quantité combinée avec l'amidon est inappréciable à l'œil nu, à peu près comme une parcelle de bleu délayée dans un excès d'eau, disparaîtrait aux regards, et laisserait l'eau incolore. Il est évident ensuite, que la couleur bleue deviendra d'autant plus intense que les doses d'iode seront plus fortes, puisque le phénomène de cette première combinaison, rentre dans la classe de l'affinité des tissus pour une substance colorante, et qu'au lieu d'une combinaison nous n'avons ici qu'une véritable coloration. Au microscope, quelque grande que soit la quantité d'iode, les grains féculens ne paraissent jamais

Théorie ancienne.

51. L'iodure d'amidon est soluble dans la potasse liquide; il se précipite par l'addition d'un acide en suffisante quantité.

Théorie nouvelle.

noirs, mais bleus (pl. 10, t. 2, fig. 2, *a*).

Ce qui vient encore à l'appui de cette théorie, c'est que l'iode colore en bleu l'intérieur du grain de pollen, et la résine de gaïac, deux substances qui ne renferment pourtant aucun atome appréciable de fécule.

51. La potasse, ainsi que tous les alcalis, enlèvent à l'amidon l'iode qui le colore, pour former avec lui des hydriodates. Si le dégagement de calorique de la combinaison de la potasse avec l'eau est assez grand, les grains de fécule éclateront, les tégumens monteront en suspension, et la fécule paraîtra s'être dissoute, en rendant le liquide opalin. Si le dégagement de chaleur est insuffisant, la fécule restera au fond du vase, mais décolorée; l'acide qu'on ajoutera ensuite s'emparera de l'alcali; l'iode remis en liberté se reportera sur la fécule, la colorera de nouveau. La fécule restera encore sous forme de poudre incolore, si la chaleur ne s'élève pas trop haut, ou ses grains éclateront, si l'addition de l'acide élève l'eau à un degré suffisant de chaleur.

Si la potasse en avait déjà fait éclater les grains, tout le liquide se colorera en beau bleu: bientôt les tégumens se précipiteront sous forme de poudre bleue, et seront surmontés d'un liquide qui restera aussi long-temps bleu que l'acide n'aura pas altéré la substance organique, et qu'on tiendra le flacon exactement bouché pour s'opposer à l'évaporation de l'iode.

Quant à la substance soluble obtenue par l'ébullition, j'ai toujours observé que l'iode la colore en la coagulant; et que la

Théorie ancienne.

Théorie nouvelle.

partie du liquide qui n'offre aucun *coagulum* appréciable, acquiert pourtant une opacité assez grande pour faire présumer que cette coloration n'est pas due à une véritable dissolution, et qu'à des grossissemens supérieurs à ceux dont nous jouissons, ces coagulations seraient visibles.

52. M. Th. de Saussure ayant abandonné à lui-même de l'amidon de froment en empois, avec et sans le contact de l'air, pendant deux mois et même un an, a cru reconnaître que, par cette fermentation spontanée, l'amidon s'était transformé, 1° en sucre, 2° amidine, 3° gomme, 4° ligneux amylacé, 5° ligneux mêlé de charbon, 6° amidon non décomposé. L'amidine serait une substance qui se colorerait en bleu par l'iode, mais qui se dissoudrait en une certaine proportion à froid dans l'eau, qui ne formerait point de gelée avec l'eau bouillante, et dont la dissolution dans la potasse ne serait pas visqueuse. Cette substance, obtenue après des lavages et une dessiccation suffisante, est blanche, ou d'un blanc jaunâtre, très-friable, en fragmens irréguliers,

52. Si l'on expose au contact de l'air de l'empois épais et non surmonté d'une très-grande quantité d'eau, ou bien qu'on ait eu la précaution de laver l'amidon encore intègre avec de l'alcool, sa métamorphose en acide caséique aura plus difficilement lieu. Les tégumens peuvent se subdiviser et fournir de l'acide carbonique et de l'hydrogène aux dépens de leur tissu (§33). L'empois deviendra donc plus liquide et moins collant. On n'aura pas besoin d'attendre deux mois ou un an pour obtenir tous les produits de M. de Saussure ; en deux jours on pourra les séparer les uns des autres ; 1°. Le sucre qu'a obtenu l'auteur en assez grande quantité de l'amidon du froment, existait déjà dans la farine ; il est impossible qu'une quantité considérable de sucre, pendant la durée du procédé des amidoniers, n'ait pas adhéré à la surface des grains intègres, ne se soit pas emprisonnée dans les tégumens déchirés par la meule ou par la température de la fermentation du gluten, ainsi qu'entre les divers grumeaux si tenaces de cet amidon. Si on avait soin de bien broyer l'amidon de froment avant de le convertir en empois, et de le laver ensuite à l'eau froide, on obtiendrait une moins grande quantité de sucre dans l'expérience de M. de Saussure. Du reste, l'empois fait par la fécule de pomme de terre, et abandonné sans le contact de

Théorie ancienne.

sans odeur, sans saveur, soluble en toutes proportions dans l'eau à 60°, insoluble dans l'alcool. On l'obtient de l'empois fermenté, en la jetant sur un filtre, la lavant, la faisant redissoudre dans l'eau bouillante, et filtrant de nouveau. Le ligneux amylacé s'obtient en traitant le résidu non attaqué par l'eau bouillante, par dix fois son poids d'une lessive de potasse contenant $\frac{1}{12}$ d'alcali ; ajoutant de l'acide sulfurique faible à la lessive passée à travers le filtre, on obtient le ligneux amylacé, se précipitant sous forme d'une poudre combustible, jaune, légère, qui, par la dessiccation, deviendra noire et brillante comme du jayet. Le charbon formera le dernier reste sur lequel l'eau, l'alcool, l'acide sulfurique, la potasse, auront été sans action.

Théorie nouvelle.

l'air, ne donnerait point ou presque point de sucre. 2°. Maintenant, si l'on jette, même aussitôt après l'ébullition, l'empois sur le filtre, les tégumens (surtout si le filtre est multiple) n'y passeront pas, et si on vient à les faire dessécher convenablement, on les obtiendra avec tous les caractères de l'amidine. Je les ai vus varier alors du blanc au jaune, selon l'élévation de la température. Dans l'eau bouillante, les plus petites parcelles (car il faut réduire en poudre cette substance pour la détacher de la capsule), monteront en suspension, soit dans l'eau froide agitée, soit dans l'eau chaude ; les plus grosses parcelles resteront au fond du vase, ou se précipiteront instantanément ; du reste, on les verra toujours flotter dans le liquide. Ces tégumens, plus ou moins soudés entre eux, formeront l'amidine, qui, par conséquent, bien loin d'être le produit d'une fermentation, préexistait à l'ébullition même. 3°. Quant au ligneux amylacé, si l'on se rappelle qu'on obtient une substance analogue en traitant le ligneux par la potasse, même faible, mais bouillante, on ne sera plus embarrassé de découvrir l'origine de celui de l'empois. On peut obtenir le même ligneux amylacé, en faisant subir l'action de la potasse et des acides à l'amidon intègre. Nous reviendrons sur ce sujet en parlant de *l'ulmine.* Remarquez qu'on obtiendra des *amidines* et des *ligneux amylacés* divers, selon qu'on cherchera à les recueillir à des époques plus ou moins éloignées. Ainsi, *l'amidine* se colorera par l'iode, les premiers jours en bleu, un mois après en purpurin, et quelquefois au bout de six mois, si la température a

Théorie ancienne. **Théorie nouvelle.**

ait été active, elle ne se colorera plus ; ce sera alors de *l'inuline*, selon les anciens principes ; et selon les nouveaux, ce sera la réunion des tégumens dépouillés de la substance étrangère qui leur imprime la faculté de se colorer par l'iode. 4°. La substance soluble ayant été à son tour dépouillée de la substance colorable, représentera la gomme de M. Th. de Saussure ; mais, deux jours après le commencement de l'expérience, on pourra obtenir la même gomme, en faisant évaporer par couches peu épaisses, et à une température un peu élevée, la substance soluble de la fécule obtenue par précipitation spontanée des tégumens. 5°. L'amidon non décomposé ne l'avait pas été par l'ébullition ; car, lorsqu'on verse en trop grande quantité de l'amidon dans l'eau bouillante, il se forme presque toujours des pelotons dont toute la superficie se compose de tégumens éclatés et soudés ensemble, et dont l'intérieur renferme des grains de fécule qui n'éclateraient à la longue que par une ébullition assez prolongée pour détruire l'agglutination de la couche extérieure, et qui sont protégés par cette couche contre l'action de la chaleur. C'est pour cela qu'on a soin de ne jamais verser la fécule dans l'eau bouillante, sans l'avoir préalablement délayée dans l'eau, que l'on tient agitée jusqu'à ce moment. En conséquence, tous les produits que M. Th. de Saussure attribuait à la décomposition de l'amidon, étaient déjà tout formés dans l'amidon même.

53. Quelques chimistes étaient persuadés que l'eau, même à la température ordinaire, dis-

53. L'amidon intègre, et dont les grains été très-élevée, et que la fermentation n'auront pas été entamés, soit par le broiement de la meule, soit par l'échauf-

Théorie ancienne.

sont une certaine quantité d'amidon ; ils se fondaient sur ce que l'amidon, après avoir été lavé sur un filtre, perd de son poids d'une manière appréciable.

54. L'amidon, enfin, se compose de petits cristaux tout formés dans l'intérieur du végétal, et qui se précipitent par le déchirement du parenchyme ou du tissu cellulaire.

Théorie nouvelle.

fement de la fermentation, est insoluble dans l'eau à la température ordinaire, et cela indéfiniment ; mais, lorsqu'un certain nombre de ses grains ont été altérés, brisés ou distendus, alors l'eau s'empare de la partie gommeuse, et les tégumens, par les mouvemens du liquide, peuvent rester quelque temps en suspension. Les grains de fécule de pomme de terre fourniront moins de cette substance soluble à l'eau que l'amidon de froment ou de toute autre céréale. Sur le filtre, non-seulement le même effet a lieu, mais encore les plus petits granules passent à travers les mailles du papier sans colle : en sorte que l'amidon, même le plus intègre, y semble toujours perdre un peu de son poids. Les mailles d'un papier-filtre sont en général si écartées, qu'à la simple loupe on peut les distinguer et voir le jour à travers, alors même qu'à l'œil nu le papier n'offre aucune solution de continuité et aucune de ces taches lumineuses qui indiquent une trop petite épaisseur.

54. L'amidon ne se compose que de globules d'une blancheur éclatante, lisses, réfléchissant vivement la lumière, qui croissent comme toutes les cellules végétales dans l'intérieur d'une cellule, et qui élaborent une substance gommeuse, de la même manière que les autres cellules élaborent l'huile, la résine, etc. Aucun cristal n'a jamais été trouvé par nous dans le sein d'une cellule ; les cristaux que nous aurons à décrire ne se rencontrent jamais que dans les interstices cellulaires. Nous reviendrons sur ce sujet, en traitant des analogies de la fécule.

55. *Applications aux arts.* — Dans les procédés qu'on emploie pour repasser le linge, il est indifférent de se servir d'empois, ou de fécule intègre, tenue par l'agitation en suspension dans l'eau. Ainsi, qu'on imprègne de fécule intègre de pomme de terre un linge blanc, qu'on le batte suffisamment dans les mains, pour répandre également partout les grains féculens humides, l'action seule de la chaleur *du fer à repasser* fera éclater les grains dans le tissu de la toile, et l'*empésera* très-proprement.

56. Une trop longue ébullition, en divisant à l'infini les tégumens de la fécule, rendra l'empois moins collant et plus liquide. Les sels existant ou qui se forment par la chaleur dans le menstrue quelconque qui délaie la fécule, accéléreront cet effet.

57. Au lieu d'employer les procédés de l'amidonier, et de soumettre la farine à la fermentation, on ferait mieux d'écraser sur un tamis les grains de blé encore un peu verts ou non tout-à-fait durcis; les granules d'amidon n'étant pas agglutinés les uns aux autres par la dessiccation, se détacheraient sans altération et sans déchirer leurs tégumens; et les produits auraient subi moins de pertes et de déchet. La fermentation serait même dès ce moment inutile, surtout si l'on rendait l'eau acide pour coaguler un peu le gluten et diminuer ainsi son élasticité.

58. On a fait depuis long-temps de nombreux essais, afin de parvenir à coller le papier à *la cuve,* par le moyen de *l'amidon.* Ces essais ont été en général stériles, parce que l'on se servait d'amidon converti en empois; un seul fabricant avait eu le bon esprit d'employer l'amidon intègre; mais son procédé restait secret. Nos expériences nous ont mis à même de prévoir, qu'en plaçant, dans la cuve, une pâte formée d'amidon et d'huile de térébenthine *savonulée* par l'alun, on obtiendrait un collage parfait, si, après que la feuille de papier a été retirée du moule, on faisait parvenir sur elle une bouffée de chaleur suffisante pour faire éclater les grains féculens, ou bien si l'on promenait la feuille sans fin entre trois cylindres dont la capacité serait suffisamment chauffée par la vapeur. Le succès a couronné nos prévisions, et le papier, par ce procédé, se colle d'autant mieux, et d'une manière d'autant plus égale, que les grains, au lieu de s'appliquer seulement sur la surface du tissu, se trouvent emprisonnés entre les fibriles, et que, par conséquent, le papier est collé à l'extérieur comme à l'intérieur. (Voy. le *Bull. des Sc. technologiques,* tom. IX , n° 108, 1828.)

59. *Disposition et développement des grains de fécule dans l'intérieur des cellules végétales.* — On ne trouve les grains de fécule que dans l'intérieur des cellules du tissu cellulaire, qui ne sont point tapissées d'une membrane verte. Les vaisseaux, les interstices, les cavités déchirées n'en renferment jamais. En coupant longitudinalement des tranches fort minces d'un grain de blé, on peut apercevoir la configuration des grandes cellules allongées et à facettes qui renferment la fécule de cette céréale. Les tubercules de la pomme de terre, observés par le même procédé, fournissent à l'observation des résultats plus distincts. Les parois des cellules étant plus solides, résistent davantage à la force mécanique qui tend à les désagréger. Si l'on soumet des pois verts (*Pisum sativum L.*) à l'ébullition pendant quelques heures, et qu'on en écrase ensuite des fragmens sur le porte-objet, on en voit toute la substance se déliter, pour ainsi dire, sous la pression, et se résoudre en grandes cellules pyriformes, allongées, dont les unes sont remplies de grains arrondis que l'iode colore en bleu (pl. 10, tom. II, fig. 19 *a*), et dont les autres, qui ont été déchirées par le froissement, sont presque vides, ou ne retiennent que des granulations d'un plus petit calibre (ibid. *b*). Ces grandes cellules ont en général 1/3 sur 1/10 de millimètre.

60. Cette circonstance se représente spontanément, et d'une manière assez curieuse, lorsqu'on déchire dans l'eau les rhizomes de *Typha* (massette) de nos étangs. On trouve bientôt au fond du vase une couche féculente; le liquide qui la surmonte est chargé d'une gomme épaisse qui, au contact de l'air, prend une teinte d'un rouge tendre; la fécule, exposée à l'air, contracte aussi, presque instantanément, la même teinte, qu'elle abandonne, si on la plonge dans l'eau. On s'aperçoit même bientôt, à la température ordinaire, que la fermentation s'établit, que des bouffées amènent à la surface du liquide des nuages blancs qui se fondent peu à peu en retombant dans le fond du vase. Les granulations féculentes possèdent un calibre assez fort lorsqu'on les observe à la loupe; mais à un grossissement supérieur, la fermentation et la couleur rougeâtre, que contracte cette fécule, ne tardent pas à s'expliquer; car au lieu de grains ordinaires d'amidon, on a alors devant les yeux de grands sacs, ou plutôt de grandes cellules (fig. 17 *a*, pl. 10) plus ou moins remplies de grains arrondis et pressés les uns contre les autres, et dont un assez grand nombre est vide (*c*);

l'iode colore en jaune les grandes vésicules, et en bleu les grains dont elles sont remplies (*b*). On a donc alors devant les yeux les cellules elles-mêmes du tissu cellulaire du rhizome, isolées nettement par la désagglutination de leurs parois respectives, et recélant dans leur sein les grains d'amidon qu'elles avaient élaborés. On voit que sans le secours du microscope, cette substance eût formé une nouvelle substance immédiate qu'on aurait sans doute décorée du nom de *Typhine*, et qui n'eût pas manqué d'être considérée comme bien distincte de toutes les autres, par sa couleur rougeâtre et ligneuse, et par la propriété qu'elle a de fermenter spontanément et avant toute ébullition dans l'eau pure.

61. Ces tégumens ligneux du *Typha*, plus ou moins ovales, plus ou moins anguleux et à facettes, ont en général de 1/7 sur 1/17 à 1/10 sur 1/20 de millimètre. Les grains de fécule qu'ils recèlent ont de 1/150 à 1/300 de millimètre.

62 Après l'ébullition, ils ne paraissent pas avoir acquis des proportions plus grandes ; mais l'iode colore alors en bleu toute leur capacité, et l'on ne distingue plus dans leur sein aucun granule intègre ; chaque grain de fécule a éclaté et s'est distendu, et l'intérieur du tégument ligneux s'est trouvé ainsi rempli de substance soluble et de tégumens amylacés distendus, que l'iode colore en bleu. Cette coloration n'est point communiquée à ceux des tégumens ligneux qui, avant l'ébullition, étaient vides de grains féculens.

63. Après l'opération de l'extraction de la fécule, il reste entre les mains une filasse blanche et devenant rougeâtre au contact de l'air, et qui est dans le cas de fixer l'attention des économistes ; car deux de ces fils de 12 cent. de long sur 1/5 de mill. de large chacun, liés à leurs extrémités et suspendus à une tige de fer, ont supporté, pendant cinq minutes, un poids de près de 4 livres. La longueur de ces filamens dépend de celle des entre-nœuds qui les fournissent.

64. Il ne faudrait pas croire que les grains de fécule se trouvent disposés au hasard dans l'intérieur des cellules végétales. L'idée seule de leur structure vésiculeuse exclut cette supposition ; et pour se convaincre à cet égard, il n'est besoin que de faire rouler sous ses yeux, par le mouvement du liquide, quelques-uns de ces tégumens ligneux isolés (fig. 17) ; car on observe qu'aucun des granules féculens renfermés et même clair-semés dans l'intérieur

de la vésicule, ne se déplace, ne se détache, enfin n'est ballotté par la révolution lente du tégument sur lui-même; ils tiennent étroitement à la paroi du tégument ligneux, même alors que la vésicule qu'il forme a été déchirée, et que la substance gommeuse qu'elle renfermait a été dissoute dans l'eau.

65. Or, les grains féculens ne peuvent tenir à une paroi par un point de leur surface, qu'en supposant que cette adhérence est l'effet de l'organisation, et non celui de l'agglutination après coup. Ce point d'adhérence, je l'ai appelé le *hile* du grain de fécule. Il est en général impossible d'en apercevoir des traces sur les grains de fécule extraits de la plante dans leur état d'intégrité; car ce point est trop exigu et il laisse trop peu de traces sur la surface du grain. Mais on aurait autant de tort d'en nier l'existence, par cela seul qu'on ne peut l'apercevoir, que de nier l'existence du hile des ovules d'Orchis et d'Orobanche, par cela seul que sur d'aussi petits objets, cet organe se soustrait à nos regards.

66. Cependant il est une occasion favorable pour obtenir directement la preuve de son existence; c'est l'époque un peu avancée (10 à 15 jours) de la germination du blé. Si l'on extrait, à cette époque, le grain de blé qui tient encore à la tigelle, on ne manque pas de s'assurer que tous les grains de fécule ont éclaté, qu'ils se sont vidés de leur substance soluble; et comme alors ils sont devenus élastiques et flexibles, leur hile ne casse point, et l'on peut l'apercevoir en imprimant dans l'eau un mouvement de rotation au tégument amylacé. Toutes les fois que le *hile* arrive sur les côtés de l'image, on l'aperçoit aussi distinctement qu'on le voit dessiné sur une des deux figures 18.

67. Cette expérience révèle même un fait physiologique, que je ne puis m'empêcher de croire de la plus haute importance. Sous l'influence de l'action lente et progressive de la germination, les grains féculens se sont vidés de leur substance soluble sans altérer leur tissu; on aperçoit alors dans leur intérieur des grandes vésicules internes qui se cloisonnent en divers sens, ainsi que des granulations qui adhèrent aux parois du tégument colorable en bleu par l'iode, comme ce tégument adhérait primitivement à la paroi du tégument colorable en jaune, c'est-à-dire à la paroi de la vésicule du tissu cellulaire ligneux. Plus la germination fait de progrès, plus ces phénomènes se multiplient, et bientôt, même à

l'aide d'un acide destiné à saturer les bases, l'iode ne colore plus qu'en purpurin les tégumens amylacés, qui finissent par se décomposer et par ne plus recevoir aucune coloration appréciable.

68. En conséquence, le grain de fécule ne se compose pas uniquement d'une vésicule renfermant une substance soluble dans l'eau, mais encore d'un tissu cellulaire interne plus ou moins compliqué ; c'est pour cela que lorsque l'on colore par l'iode le liquide dans lequel, à l'aide de la chaleur, on a fait éclater de la fécule, on aperçoit, outre les tégumens, des flocons bleuâtres en forme de tissus, que leur transparence, avant leur coloration, avait soustraits aux regards.

69. Rappelons-nous (§ 4) que les grains de fécule, depuis l'instant de la fécondation jusqu'à celui de la maturité, croissent dans l'intérieur des vésicules du tissu cellulaire, qu'ils y acquièrent des dimensions et des formes extrêmement variées, et nous resterons convaincus que l'analogie aurait indiqué d'avance le résultat que l'expérience directe vient de nous faire découvrir.

70. *Caractères physiques de diverses fécules employées dans les arts, dans l'économie domestique ou en pharmacie.* — Je croirais laisser incomplet ce que j'ai dit sur l'histoire de la fécule, si je ne joignais à l'exposé de son analyse, la description spéciale de quelques espèces que l'on peut retrouver plus fréquemment dans le commerce. Le nombre des plantes, qui renferment en grande proportion de la fécule, étant immense, il faut désespérer de pouvoir reconnaître exactement la fécule de chacune d'elles, si l'on n'est pas averti d'avance du végétal auquel elle appartient. Mais il est des cas dans lesquels il est facile de s'assurer qu'une fécule donnée a été mélangée avec la fécule d'une autre plante. Ainsi, si dans la fécule de froment on venait à rencontrer des grains de 1/7 de millimètre, on ne s'exposerait à aucune méprise en déclarant que l'on a sous les yeux un mélange et une sophistication ; car les plus gros grains de cette fécule ne dépassent pas 1/20 de millimètre. Il faudrait se montrer plus réservé s'il s'agissait de se prononcer sur la nature spéciale de la fécule qui aurait été mélangée avec celle de froment ; car non-seulement les formes et les dimensions de ces grains passent les unes aux autres dans les divers végétaux que nous avons étudiés, mais encore il est des milliers de végétaux dont il nous reste encore à étudier la ma-

tière amylacée, et qui par conséquent peuvent être supposés renfermer une fécule analogue, par tous ses caractères physiques, à celle de nos fécules qu'il nous arriverait de désigner. Au reste, les fécules bien lavées et dépouillées des substances qui leur communiquent une saveur étrangère, étant toutes identiques sous le rapport de leurs propriétés chimiques et médicales, ces sortes de sophistications ne seront jamais dangereuses ; le genre d'utilité qu'on aurait d'en constater l'existence, rentre plutôt dans les intérêts du commerce que dans ceux de la matière médicale.

71. Nous invitons les descripteurs à faire graver sur leurs planches, les grains amylacés, de la même manière qu'ils ont introduit dans les analyses les figures des grains de pollen. Ils ne doivent pas se contenter de dessiner les contours de chaque grain, mais encore les reflets de leur surface, en ayant soin de se servir, pour chaque espèce, du même grossissement et du même diaphragme : cette dernière circonstance surtout est essentielle ; en effet, nous avons déjà fait observer que l'aspect et la transparence de chaque grain variait avec la masse de lumière qu'on projette sur lui ; si la lumière est trop vive, tous les grains ont le même aspect. J'ai préféré me servir, pour dessiner celles de la pl. 10, d'un diaphragme de $0^m,003$ de diamètre et du grossissement de 100 diamètres, à mon microscope de Selligue. Je me suis servi habituellement, pour déterminer leurs proportions, du procédé de la double vue, qui, s'il n'est pas le plus rigoureusement exact, a du moins le mérite d'être le moins dispendieux. On pourrait employer le micromètre tracé sur une lame de verre ; mais outre que ces petits instrumens coûtent très-cher, si l'on veut pousser la division jusqu'aux 200es de millimètre ; il faut avouer que leur usage n'est pas d'une indispensable nécessité, puisque les grains de fécule variant à l'infini dans la même plante, il serait absurde d'espérer obtenir autre chose que des approximations.

72. Voici comment je mesure au moyen de ce procédé. Je tiens au niveau du porte-objet un papier sur lequel est tracée en noir une règle divisée en centimètres et en millimètres ; j'observe cette règle de l'œil gauche, en même temps que de l'œil droit, je considère attentivement l'objet microscopique à travers les tubes du microscope. Il arrive un instant où l'objet microscopique vient, en apparence, se superposer à la règle ; et dès lors je n'ai plus qu'à

tenir compte de l'espace qu'il y occupe. Maintenant le grossissement de mon microscope étant connu, devient le dénominateur d'une fraction dont les divisions de ma règle, occupées par l'image de l'objet microscopique, sont le numérateur ; et j'ai ainsi une fraction de la mesure employée, que je réduis à sa plus simple expression. Je suppose, par exemple, que j'observe à un grossissement de 100 diamètres, et que l'image apparente de l'objet observé occupe 20 millimètres, les dimensions réelles de l'objet égaleront 20/100 = 2/10 = 1/5 de millimètre. En d'autres termes, la grandeur réelle d'un objet étant désignée par a, sa grandeur apparente par b, et le grossissement employé, par c, on aura cette formule $a = \dfrac{b}{c}$ de l'espèce d'unités qu'exprime b.

73. On peut se servir du même procédé au microscope simple, si l'on a eu soin d'évaluer exactement le grossissement de la lentille. Or, on admet que le foyer d'une lentille étant d'une ligne, le grossissement doit être de 96 à 100 diamètres, qu'une lentille de 3/4 de ligne grossit 128 fois, et qu'une lentille de 1/2 ligne grossit 192 fois le diamètre ; enfin qu'une lentille quelconque grossit autant de fois que la longueur du foyer est comprise dans 8 pouces, limite ordinaire et approximative de la vision distincte. On n'a donc qu'à constater, à l'aide d'un compas, la distance focale de la lentille, on aura évalué d'avance son grossissement.

74. Il faut s'attendre cependant à ce qu'au microscope simple on ait beaucoup plus de lumière qu'au microscope composé, et que par conséquent les grains de fécule y apparaissent avec un aspect un peu différent (1). On ne devra donc pas perdre de vue que la pl. 10 a été dessinée au grossissement de 100 diamètres du microscope achromatique, et à l'aide d'un diaphragme de 3 millim. de diamètre. Il sera bon de tenir compte aussi de la dessiccation qu'aura pu supporter la fécule ; car au sortir de la plante, ses

---

(1) C'est pour cette raison que j'ai fait ajouter à la boîte du microscope de Deleuil, un diaphragme en cuivre que l'on tient de la main gauche, de manière qu'en l'approchant ou en l'éloignant du porte-objet, on peut augmenter ou diminuer à volonté l'intensité de la lumière. (*Voy*. t. II, p. 438.)

grains pourront bien être moins durs et plus grands, qu'après son exposition à l'air ou son ébullition dans l'alcool. Après ces deux sortes d'épreuves, ses grains ont presque toujours subi un retrait.

75. *Fécule de pomme de terre (Solanum tuberosum,* L., pl. 10, fig. 1). — Elle affecte les formes les plus variées, et parvient aux dimensions les plus grandes. Au sortir des organes de la plante, on observe, sur la surface de ses grains, des rides concentriques qui disparaissent par la dessiccation. Les plus gros grains parviennent à 1/8 de millimètre ; les plus ordinaires varient entre 1/10 et 1/25 ; ils sont ovales, étranglés en cocons, gibbeux, obscurément triangulaires, arrondis, au moins les plus petits. La pomme de terre est la seule plante dont on consomme la fécule dans les procédés culinaires : c'est celle que l'on peut céder au moindre prix.

76. *Fécule de la graine des* CHARA HISPIDA, L. (Pl. 10, fig. 3. La graine est figurée pl. 9, fig. 3, *b*). — Les grains qui parviennent à des dimensions presque aussi grandes que ceux de la pomme de terre, sont les plus mous et les plus ombrés que j'aie rencontrés dans mes observations. Avec une pointe on peut les écraser et les vider dans l'eau, avant l'ébullition ; il reste alors une vésicule que l'on voit figurée en *a*. Le premier grain, à gauche, est vu au grossissement de 150 diamèt., afin de mettre mieux en évidence les plis que détermine sur leur surface, leur affaissement contre le porte-objet. Leurs formes sont moins variées que dans la pomme de terre. Les plus gros atteignent 1/10 de millim., la cavité de la graine (*gyrogonite* des géologues) en est remplie, et les cellules qui les renferment sont assez vastes. Les grains de fécule ont été pris par M. Lecoq, professeur d'hist. nat. de Clermont en Auvergne, pour les ovules des *Chara*.

77. *Fécule des articulations de* CHARA HISPIDA, L. (Pl. 10, fig. 4.) — Il existe encore plus de différence entre la fécule des articulations de *Chara* et celle de la graine de la même plante, qu'entre la fécule de plantes les plus éloignées. On y remarque les formes les plus bizarres, qui varient à l'infini autour de la forme d'une larme batavique. Les grains atteignent 1/14 sur 1/20 de millimètre. (§ 5.)

78. *Fécule de sagou* (pl. 10, fig. 5), tirée de la moelle de certains palmiers ; et, dans les Moluques, de la moelle du *Sagus farinaria,*

Rumph.). — Les boulettes que j'ai soumises à mon examen, et
que je tiens du droguet de M. Bonastre, ont environ quatre à cinq
millimètres de diamètre ; leur aspect est rougeâtre ; leur dureté
est très-grande ; avant de les observer, il faut les laisser séjourner
dans l'eau. Si on soumet alors des fragmens de leur superficie au
microscope, on s'assure que tous les grains de la circonférence
ont éclaté ; car les tégumens, déchirés, crevassés et entr'ouverts
(*aaaa*), se répandent par myriades sur le porte-objet. Au-dessous de cette couche superficielle, les grains, sans avoir éclaté,
offrent dans leur sein, et quelquefois sur un point de leur surface,
une granulation, une bosselure (*b*) qu'on remarque sur toutes les
fécules qui ont été soumises un instant à une faible action de la
chaleur. Dans le centre des boulettes, au contraire, on ne rencontre que des grains intègres et nullement altérés. Toutes ces
circonstances achèvent de démontrer l'opinion reçue, d'après laquelle ces boulettes auraient été torréfiées sur une platine, et
roulées pendant la torréfaction. Car en manipulant de la même
manière avec la fécule de pomme de terre, on peut faire du
sagou si ressemblant qu'on l'introduirait impunément dans le
commerce. Les grains du centre de chaque boulette sont protégés,
contre l'effet de la chaleur, par la couche superficielle des grains
qui éclatent, de même que les grumeaux qui se forment dans l'eau
bouillante, si l'on n'a soin de bien délayer la fécule avant de la
verser, offrent dans leur sein une quantité considérable de grains
bien conservés. Les plus gros grains, surtout lorsqu'ils ont été
un peu dilatés, atteignent 1/10 de millimètre.

79. *Fécule d'Alstrœmeria pelegrina*, L. (Pl. 10, fig. 6). — Par
son aspect et par ses formes, elle se rapproche beaucoup de celle
de la pomme de terre. Elle est plus fortement ombrée, plus bos-
selée, et affecte des contours plus bizarres. Les plus gros grains
atteignent 1/10 de millimètre.

80. *Fécule de fève de marais*. (*Vicia faba*, L., pl. 10, fig. 7).
— Les grains sont ovoïdes, réniformés, quelques-uns affaissés et
presque vidés ; ils atteignent 1/20 de millimètre. La fécule ne se
trouve chez les légumineuses que dans les cotylédons.

81. *Fécule d'igname*. (*Dioscorea sativa*, L., pl. 10, fig. 8). —
Grains ovoïdes, linéaires, moins variables que dans les fécules
précédentes, et dont les plus gros atteignent 1/17 de millimètre.

82. *Fécule de tulipe.* (*Tulipa gesneriana*, L., pl. 10, fig. 9).
— Les plus nombreux sont assez uniformes dans leur aspect et dans leur configuration; lorsqu'on les examine au sortir des bulbes de la plante, ils offrent, sur la surface éclairée, des rides concentriques, chatoyantes, dont la concavité regarde l'extrémité la plus effilée. Ces rides disparaissent par la dessiccation, à peu près comme les rides d'un papier mouillé s'effacent à mesure que le papier se tend par l'évaporation de l'humidité. Ces jolis grains pyriformes atteignent 1/20 de millimètre.

83. *Fécule de pois verts.* (*Pisum sativum*, L., pl. 10, fig. 10).
— Les grains affectent à peu près la forme et les dimensions de ceux de la fève, et quand on les examine fraîchement extraits des cotylédons, ils offrent les fortes ombres de la fécule de l'*Alstrœmeria pelegrina*. Les plus gros grains atteignent 1/20 de millim.

84. *Fécule de topinambour de l'Amérique.* (Pl. 10, fig. 11).
— Cette fécule a été reçue par M. Pelletier, sous le nom de fécule de topinambour. Mais les topinambours en France ne produisent qu'une fécule non colorable par l'iode, et dont les grains sont exrêmement petits (fig. 16). Il serait curieux de vérifier si, en Amérique, la fécule de ces tubercules deviendrait colorable en bleu par l'iode; ce qui, physiologiquement parlant, ne nous paraît pas impossible. Nous conservons un échantillon de cette fécule, et nous avons cru devoir la figurer, en attendant qu'une correspondance plus détaillée parvienne à lever ces doutes. Les plus gros grains, qui varient peu autour de la forme sphérique, atteignent 1/25 de millimètre.

85. *Fécule de froment.* (*Triticum sativum*, pl. 10, fig. 12).
— Les plus nombreux et les plus gros sphériques, accompagnés de quelques tégumens vidés, provenant des grains de fécule qui ont été écrasés par la meule. Lorsqu'on extrait la fécule de la graine un peu verdâtre et non encore desséchée, les grains de fécule sont tous plus lisses, plus arrondis et mieux conservés. Il faut en dire autant de toutes les céréales, et surtout du *maïs*. Car les grains d'amidon sont si pressés les uns contre les autres, et tellement adhérens entre eux par l'effet de la dessiccation, que l'on ne peut moudre la graine sans endommager et déchirer la majeure partie des grains féculens. C'est pour cela que Parmentier (*Mémoire sur le Maïs*, Bordeaux, 1785, in-4°) a trouvé une

si faible quantité d'amidon dans la farine de cette céréale. Les plus gros grains féculens du froment ne dépassent pas 1/20 de millim.

86. *Fécule des tubercules d'iris de Florence.* (*Iris florentina* ou *germanica*, pl. 10, fig. 13 et 14). — La figure 13 représente les formes de cette fécule, lorsqu'on l'observe dans un tubercule jeune (au mois de juin par exemple); la figure 14 les représente telles qu'on les remarque dans un tubercule plus avancé en âge; on trouve alors que les grains de fécule ont grossi, végété pour ainsi dire, et qu'ils ont contracté les formes les plus bizarres. Dans le premier cas, ces grains ne dépassent pas 1/100 de millim.; dans le second cas, ils atteignent 1/20 sur 1/33. Cet accroissement est plus rapide même au printemps, lorsqu'on abandonne à eux-mêmes au contact de l'air, des tubercules d'iris récemment extraits de la terre. En quinze jours les grains de fécule sont parvenus à leur *summum* d'accroissement (fig. 14).

87. *Fécule de tapioka.* (*Janipha maniot*, L., pl. 10, fig. 15). — Les grains de fécule de cette racine ne dépassent pas 1/55 de millimètre; ils affectent la forme arrondie, et offrent dans leur centre un point réellement noir qui provient d'un jeu de lumière dû à quelque circonstance de leur structure interne, ou à une dépression de leur surface.

88. *Dahline.* (Fécule non colorable par l'iode, extraite des tubercules de *Dahlia*, pl. 10, fig. 16). — Cette prétendue substance immédiate qui ne diffère de l'*inuline* que par le nom du végétal (*Inula helenium*, L.) dont on extrait celle-ci, n'offre que des grains arrondis d'une grande ténuité, et qui ne dépassent pas 1/100 de millimètre.

88 *bis. Fécule des rhizomes de massette.* (*Typha* L., pl. 10, fig. 17). — Dans l'extraction de cette fécule fort singulière, ce ne sont pas les grains féculens qui s'isolent, mais bien les cellules ligneuses aux parois desquelles sont attachés les grains féculens. A l'œil nu, et surtout lorsqu'on déchire le rhizome, l'aspect cristallin des grains isolés joue admirablement l'aspect de la fécule; l'iode les colore en bleu; mais bientôt cette substance prend, au contact de l'air, un aspect rougeâtre; après l'ébullition elle ne forme pas de gelée par le refroidissement, parce que les tégumens ligneux, étant rigides et nullement susceptibles de se distendre, n'occupent presque pas plus d'espace après qu'avant l'ébullition. En considérant en

grand, et sans le secours du microscope, toutes ces propriétés, les chimistes n'auraient pas manqué d'inscrire cette substance sur le catalogue des substances immédiates du règne végétal, et de lui imposer le nom de *typhine* ou de *typhin*.

Au mois d'août, on rencontre moins de tégumens ligneux pleins de fécule que de tégumens vides (*c*) ou à demi pleins (*a*). Au mois d'octobre on commence à ne plus trouver que des tégumens ligneux pleins de fécule; mais en même temps on remarque adhérens aux tégumens ligneux, des grains hyalins, oblongs, rappelant l'aspect et la configuration des grains ovoïdes de la pomme de terre (fig. 1, pl. 10), ayant les mêmes dimensions que les tégumens ligneux, et l'iode ne les colore aucunement en bleu. Il est probable que ces grains féculoïdes sont des tégumens ligneux jeunes et récemment développés, dans le sein desquels doivent se former les grains de fécule. Les tégumens ligneux atteignent 1/7 sur 1/11 de millim. ; les grains de fécule ne dépassent pas 1/100. On peut altérer de plus en plus les tégumens ligneux en laissant cette fécule macérer dans un excès d'eau. La fermentation s'établit, et, comme nous le verrons plus tard, l'effet de la fermentation est d'altérer les tissus ligneux.

89. Je viens de donner l'explication des figures de la pl. 10. J'ai eu soin de dessiner au même grossissement les fécules qu'elle renferme, en sorte que l'on a ainsi une espèce de tableau synoptique des formes et des dimensions de chacune des espèces énumérées, que j'ai eu soin de ranger à la suite les unes des autres par ordre de décroissement en diamètres. Le premier grain de la troisième rangée, comme j'ai déjà eu l'occasion de le faire remarquer, a été dessiné grossi 150 fois, afin qu'il me fût plus facile d'exposer aux yeux les diverses dépressions de sa surface. Tous les autres ont été calqués au grossissement de 100 diamètres, et à l'aide d'un diaphragme de 3 millim. de diamètre placé entre le miroir réflecteur et le porte-objet. Je vais joindre à ces descriptions un tableau synoptique des mesures obtenues, en y faisant entrer quelques fécules que je n'ai pas cru devoir dessiner, vu que par leurs formes et leurs dimensions elles peuvent se placer facilement entre celles que la pl. 10 renferme. Je m'écarterai de la marche que j'avais suivie dans mes publications précédentes, et je ne parlerai dans ce tableau que du *maximum* des dimensions de chaque grain féculent, vu que les

intermédiaires varient à l'infini, et que les extrêmes au *minimum* n'existent réellement pas, puisque les grains de fécule se développant à la manière des cellules, il faut nécessairement qu'elles passent successivement par toutes les dimensions, depuis le diamètre inapercevable avec nos moyens d'observation, jusqu'à leur plus grand diamètre; en conséquence, si nous voulions exprimer la mesure des petits grains, nous obtiendrions réellement pour toutes les fécules le même diamètre minime, que nous trouverions aux limites du grossissement de nos instrumens.

Tableau des dimensions les plus grandes auxquelles parviennent les grains de fécule des espèces énumérées.

Rhizomes de *Typha*. (Tégumens ligneux). pl. 10, fig. 17...1/7   de mill.
Pomme de terre. (*Solanum tuberosum* L.).................1....1/8
Charagne. (Graine du *Chara hispida* L.)..............3. |.
Sagou. (Moëlle des palmiers)........ ....5. } .1/10
Alstrœmeria pelegrina L...........................6. |.
Haricot blanc. (*Phaseolus vulgaris* L.)....................1/15
Igname (*Dioscorea sativa* L.)....................8....1/17
Fève des marais. (*Vicia faba* L.)....................7...
Pois vert. (*Pisum sativum* L.)........................10. |.
Tulipe. (*Tulipa gesneriana* L.)....................9. } .1/20
Froment. (*Triticum sativum* L.)....................12. |
Topinambour de la Martinique. (*Helianthus tube-*
    rosus L.)....................fig. 11. |
Nénuphar. (Racines du *Nymphœa lutea* L.)............ } .1/25
Orobanche. (Base tubéreuse, péricarpe de l'*Orobanche*
    ramosa L.)..................... |
Marron d'Inde. (*Æsculus hippocastanum* L.) (1)........ |
Châtaigne. (*Castanea vesca* L.) (2)..................... } .1/33
Iris des jardins. (*Iris germanica* L).........fig. 13 et 14. |
Tapioka. (*Janipha maniot* L.)....................fig. 15....1/35
Orge. (*Hordeum vulgare* L.)........................ } .1/40
Maïs. (*Zea maïs* L.)...... |
Orchis. (Tubercules d'*Orchis militaris et bifolia* L.) (3).....1/50

---

(1) Les grains sont étranglés en cocons ou bien en forme de larmes bataviques.

(2) Ayant l'aspect et les forces des graines de la pomme de terre.

(3) Une discussion s'était engagée entre deux pharmaciens de la capitale : l'un soutenait que nos orchis n'avaient pas de fécule, l'autre assurait au contraire y en avoir trouvé. Nous fîmes remarquer qu'ils avaient raison l'un et l'autre. Le tubercule qui a fourni au développement de la tige de l'*orchis* s'est épuisé de sa fécule, comme le fait la

Souchet comestible. (Tubercules du *Cyperus esculentus*
    L.).. } 1/70 de mill.
Bryoine. (*Bryonia alba* L.)..................................... }
Patate. (*Convolvulus batatas* L)........................1/75
Dahline ou inuline. (Fécule non colorable par l'iode,
    extraite des tubercules du *Dahlia* ou de la racine de
    l'*Inula helenium*.)...................................1/100
Petit millet. (*Panicum miliaceum* L.)..................1/400

90. *Analyse de la graine des Céréales.* — Avant de passer à
l'analyse des organes soit animaux, soit végétaux, dont j'ai constaté
l'analogie avec la fécule, je crois devoir m'occuper de l'analyse
générale de la graine des céréales. Nous avons déjà appris à connaître (§ 59 et 60) les cellules dans lesquelles la fécule des pois
verts et des rhizomes de *Typha* a pris naissance ; il paraît assez
naturel d'examiner aussi le tissu cellulaire de la graine de froment.
Or, comme nous avons résolu de ne jamais nous contenter de
toucher, pour ainsi dire, à la superficie d'un sujet, mais de pénétrer
dans sa nature intime, dans ses rapports soit de composition, soit
de structure, soit de voisinage, nous ne devons pas nous occuper
exclusivement du gluten simplement comme organe, il faudra encore expliquer, par le concours des expériences en grand et de la
théorie microscopique, les diverses propriétés qu'on a reconnues à
cette substance. Son étude nous préparera à celle de l'*hordéine*,
que la classification rejetterait bien loin d'elle, mais que la marche
successive que nous nous proposons de suivre dans cette publication, ne nous permet pas de séparer de l'étude du gluten (1).

    91. *Gluten.* — Le gluten obtenu par la malaxation de la farine
étant une substance blanche ou plus ou moins grisâtre, élastique,
lorsqu'elle est humectée d'eau, et susceptible alors de se tirer en

---

graine de froment, pendant la germination. Le tubercule au contraire,
qui est destiné à croître l'année suivante, renferme une quantité considérable de fécule. Il sera donc arrivé que l'un des deux pharmaciens aura
opéré sur le tubercule épuisé et l'autre sur le tubercule jeune. Nos *orchis*
indigènes ne sont donc privés de rien de ce qui constitue le salep, savoir
de la fécule, qui n'est qu'un accessoire, et du mucilage aromatisé qui en
est le principal.

(1) Les figures que nous aurons à citer se trouvent sur la planche relative à l'analyse de l'hordéine, qui paraîtra dans une prochaine livraison.

filamens ; solide par la dessiccation ou par son contact avec l'alcool ou l'acide sulfurique ; insoluble dans l'eau, mais susceptible de se dissoudre dans l'ammoniaque, l'acide acétique et même l'acide hydrochlorique ; il est évident qu'une portion de la graine qui offrira, au microscope, tous ces caractères réunis, ne pourra être que le gluten lui-même.

92. Or il était important pour la physiologie de reconnaître, non-seulement la région que cette substance occupe dans la graine, mais encore le rôle qu'elle y joue ; de s'assurer enfin si elle y existe à l'état brut sous lequel elle se présente après la malaxation de la farine, ou bien si elle y possède les caractères d'un tissu organisé. Depuis la découverte de Beccari, un seul auteur avait eu la pensée de rechercher l'analogie et la région du gluten (1) ; mais l'esprit qui présidait alors aux observations microscopiques finissait toujours par convertir en simples velléités les intentions les plus sages. Quand on aura lu et vérifié le contenu de notre travail, on ne se rappellera pas, sans une espèce de surprise, que Parmentier ait cru découvrir, au microscope, que *le gluten ressemblait dans beaucoup de points au son, et que le gluten n'occupait pas d'autre région que l'écorce de la graine.*

93. Pour parvenir à la solution de la question que nous cherchons à résoudre, il faut d'abord se faire une idée générale de l'anatomie d'une graine de céréale. On s'assure par une coupe longitudinale (fig. 2), que l'embryon (*b*) est appliqué immédiatement au-dessous d'une large empreinte en écusson que l'on remarque à la base de la surface convexe de la graine ; que cet embryon est entouré d'un périsperme blanc (*d*) à l'exception de sa face antérieure. Que ce périsperme occupe toute la capacité du péricarpe rougeâtre et résineux.

94. Or si l'on pratique des coupes transversales sur toute l'étendue du périsperme, on peut facilement constater que le gluten existe dans toute sa substance. Car en humectant d'une goutte d'eau ces tranches, on parvient, à l'aide de deux pointes d'aiguille, à malaxer cette tranche : la substance se tiraille, se déchire en

______

(1) Parmentier, *Récréat. phys., chim. et économ. de Model*, t. II, p. 483. Je renvoie à ce même traité pour l'historique du gluten.

répandant des flots de grains de fécule, s'attache d'un côté au porte-objet, et de l'autre aux deux pointes sous forme de filamens fibrineux.

95. Dans l'alcool, chacune de ces tranches reste cassante ; dans l'ammoniaque, l'acide hydrochlorique et dans l'acide acétique, au contraire, elle se ramollit et se dissout en grande partie ; car il faut faire, dans cette expérience, la part de l'amidon qu'emprisonne le gluten (1).

96. Il est encore juste de ne pas oublier qu'ordinairement dans les expériences en grand, on constate la solubilité du gluten dans les menstrues dont nous venons de parler, par le moyen de la chaleur ; il faudra donc, dans les expériences microscopiques, compenser par la durée, la chaleur qu'on ne pourrait pas y employer.

97. On ne rencontre une substance analogue au gluten ni dans l'embryon, ni dans le péricarpe. En conséquence, le gluten, de même que l'amidon, appartient exclusivement à cette substance blanche et le plus souvent farineuse, que l'on nomme le périsperme.

98. La région qu'occupe le gluten dans la graine étant une fois déterminée d'une manière précise par les réactifs et la dissection, il reste à découvrir le rôle que cette substance y joue.

99. Si l'on place, sur le porte-objet, une tranche transversale très-mince du périsperme (*d*) de la graine, on n'aperçoit dans sa substance, rien qui annonce d'une manière sensible, qu'on a, sous les yeux, un tissu cellulaire végétal, même après qu'on l'a humecté d'eau.

100. Mais, au lieu d'une coupe transversale, qu'on pratique une coupe longitudinale et qu'on place à sec, sur le porte-objet, une tranche non par trop mince, on ne manquera pas de rencontrer des occasions favorables, pour reconnaître que le périsperme se compose de grandes cellules allongées affectant 1/7 de millimètre en

---

(1) Pour répéter ces expériences, il faut se servir de deux lames de verre, dont l'une possède une cavité en segment de sphère, et qui soient susceptibles de s'appliquer l'une sur l'autre à frottement. On a ainsi des espèces de flacons bouchés à l'émeri, dans lesquels il est facile d'observer, au microscope, la marche des phénomènes plus ou moins lents des dissolutions. On trouve de ces lames de verre toutes prêtes, chez Deleuil, rue Dauphine, n° 24.

longueur et 1/20 en largeur (fig. 5); on découvre en même temps
que les grains de fécule remplissent la capacité de chacune de ces
cellules, et si l'on cherche à malaxer avec deux pointes d'aiguilles
on se convainc que les parois de ces cellules jouissent exclusivement
des propriétés du gluten.

101. En pratiquant des coupes transversales du périsperme, on
n'obtient pas un résultat aussi satisfaisant, parce que la coupe ne peut
y intéresser qu'une petite fraction de la longueur de la cellule glutineuse, que les parois si minces, si peu susceptibles d'être appréciées
d'une cellule se trouvant alors placées de champ, n'offrent que leur
tranchant à l'œil de l'observateur, et que les gros grains de fécule
encombrant toute la capacité des mailles de ce réseau achèvent d'en
rendre le tissu inapercevable. Par des coupes longitudinales, au
contraire, on voit la couche des cellules de face, et à la faveur de
la transparence des interstices qui les séparent les unes des autres,
il est facile d'en reconnaître les contours et d'en mesurer le diamètre. On doit pourtant s'attendre à ce que les contours de ces
cellules si élastiques et si faciles à se déformer, et dont les interstices ne se sont infiltrés d'aucune parcelle de substance verte,
ne soient jamais aussi nettement dessinés que les contours des cel-
lulles des autres tissus végétaux.

102. Si le gluten n'est que le tissu cellulaire des céréales, d'où
vient que parmi les céréales, les unes fournissent du gluten à la
malaxation, et les autres n'en offrent pas la moindre trace? Cette
objection qui, au premier coup d'œil, paraît spécieuse, est susceptible de recevoir l'explication la plus simple. Les tissus végétaux
varient à l'infini, sous le rapport de leur élasticité; les tissus les
plus ligneux ont commencé par être élastiques et glutineux, et ils
ont passé insensiblement par tous les intermédiaires de ces deux
états extrêmes. Nous expliquerons plus tard la théorie de ce passage
de l'état glutineux à l'état solide et ligneux; ce sera lorsque nous
aurons à nous occuper du rôle que jouent les sels dans l'organisation des tissus organiques. Nous nous contenterons aujourd'hui de
poursuivre l'application du fait que nous venons de signaler, à l'anomalie que présentaient les graines des céréales sous le rapport du
gluten.

103. On sait que la graine du froment fournit en abondance du
gluten, que l'orge en donne fort peu. Cependant il est aisé de

s'assurer au microscope que le tissu cellulaire dont la fécule occupe les vésicules, ne diffère aucunement dans le périsperme de ces deux plantes. Mais dans l'un les parois de ces vésicules sont élastiques, dans l'autre elles sont cassantes; que dis-je? dans le même grain d'orge, il est assez facile de trouver des couches de ces cellules glutineuses et susceptibles de se souder par la malaxation, et d'autres qui se refusent, par leur rigidité, à ce genre de rapprochement; les premières occupent de préférence le centre, les secondes sont placées vers la périphérie.

104. On sait encore, par les expériences de Beccari, que la même espèce de grains peut offrir ou refuser du gluten, selon la nature du sol et la diversité des expositions. On sait d'un autre côté que ces deux espèces d'agens influent encore sur la nature et les modifications des tissus; il ne paraîtra donc pas étonnant que le gluten, qui reste le même à l'observation microscopique, paraisse et disparaisse tour à tour dans l'analyse en grand. C'est ainsi que l'*Avena sativa* possède du gluten dans un pays et semble en être privé dans un autre.

105. Mais une circonstance frappante qui vient encore à l'appui de ce que nous venons d'établir, c'est que lorsque le gluten d'une céréale ne se présente pas dans la malaxation sous forme du gluten, on est sûr de le retrouver, dans le cours de la manipulation, sous forme d'albumine végétale. M. Davy trouve 6 pour 100 de gluten dans l'*Avena sativa*, tandis que M. Vogel trouve 4,30 d'albumine et point de gluten dans la farine de la même plante.

106. Pour jeter un plus grand jour encore sur ce double phénomène, il est bon de chercher à reconnaître, à l'aide de quel mécanisme, le gluten manifeste sa présence dans l'acte de la manipulation. Quand on fait rouler dans l'eau, et sur le porte-objet, les divers élémens confondus par la mouture dans la farine de froment, on voit les parcelles diaphanes, blanches et extrêmement minces des cellules glutineuses, se rencontrer par les faces de leurs parois, sans s'associer; mais lorsqu'un mouvement un peu brusque a rapproché les bords de deux parcelles voisines, dès ce moment, on voit ces deux parcelles rouler de compagnie et sans se désagréger, dans le liquide. On peut produire en grand le même effet. Soient deux masses de gluten obtenues isolément par la malaxation : si l'on cherche à les réunir par le simple contact, elles ne contractent au-

d'une adhérence ; mais si on pratique une entaille dans l'épaisseur de chacune d'elles, et qu'on mette ensuite en contact ces deux solutions de continuité, le moindre effort suffira pour opérer l'association de ces deux masses.

107. Le but de la malaxation est donc de presser les unes contre les autres les parcelles glutineuses de la farine par leurs bords déchirés. Aussi la quantité de gluten variera-t-elle selon qu'on emploiera tel ou tel mode de malaxation. Ainsi Beccari, qui se contentait de déposer la farine sur un tamis, et de la tenir, en cet état, sous un filet d'eau, obtenait moins de gluten que Kessel-Meyer qui avait soin de former d'abord une pâte avec la farine, et de la pétrir continuellement sous le filet d'eau, jusqu'à ce que l'eau ne passât plus laiteuse. Dans le premier procédé, le poids de l'eau qui tombe rapproche quelques parcelles, mais en éloigne, en isole ou en désagrège un plus grand nombre qui passent en conséquence à travers le tamis ; dans le second procédé, au contraire, la main comprime, roule en tous sens, rapproche par tous les points de contact les parcelles éparses, et ne permet à l'eau d'emporter presque que les grains arrondis et glissans d'amidon. J'ai même constaté que l'on obtenait plus ou moins de gluten, selon que l'on pressait la pâte de telle ou telle manière. Ainsi, on en perd une plus grande quantté quand on se contente de presser perpendiculairement la pâte, que lorsqu'on la roule sur elle-même avec effort.

108. Les phénomènes que présente le gluten, dans l'acte de la malaxation, ne diffèrent donc pas des phénomènes que présente la *gomme élastique* (caoutchouc), dont on ne peut agglutiner les lambeaux que par leurs bords rafraîchis à l'aide d'une lame tranchante ; et cette propriété n'est pas exclusivement affectée à ces deux substances, mais encore à tous les tissus qui, par leur élasticité, se rapprochent du gluten. MM. Amussat, Velpeau et Thierry viennent de constater qu'en déchirant et tordant les artères, on s'opposait aux hémorrhagies bien plus puissamment qu'à l'aide des simples ligatures. Ce fait trouve son explication dans ce que nous venons de dire : la ligature ne met en contact que les parois des membranes ; la torsion, au contraire, en met en contact les bords déchirés, et le rapprochement a lieu d'une manière plus intime.

109. Mais si la malaxation a été inhabile à produire ce rapprochement des parcelles du gluten, si les molécules d'eau qui les

humectent , n'ont pas eu le temps de se combiner assez intimement avec elles pour leur rendre ou leur prêter la propriété de l'élasticité ; il est possible que, pendant l'ébullition et l'évaporation de l'eau avec laquelle on a cherché à épuiser les principes de la farine, les parcelles de ce tissu reprennent leur élasticité en s'imbibant, et deviennent susceptibles non-seulement de s'associer aux parcelles homogènes, mais encore de former avec elles et sans malaxation un tout plus résistant; en d'autres termes, le tissu cellulaire, qui avait refusé à froid d'apparaître sous la forme de gluten, apparaîtra à chaud sous la forme d'albumine végétale. On voit comment l'alliance des observations anatomiques et des expériences en grand fait naître tôt ou tard l'explication des anomalies les plus fortes en apparence.

110. Le gluten n'est pas tellement affecté à la graine des céréales, qu'on n'en trouve quelques traces dans beaucoup d'autres plantes ; les pétales, les bulbes, les tubercules , les tissus jeunes et verdâtres, et, ainsi que nous le verrons plus tard, le pollen , en renferment des quantités suffisamment appréciables, quoique avec des variations accidentelles d'élasticité et de consistance.

111. Une nouvelle difficulté reste à résoudre dans l'explication que nous venons de donner. Si le gluten n'est qu'un tissu cellulaire , susceptible, dans certains végétaux, de devenir ligneux, comment fait-il que ce gluten soit si fortement azoté , tandis que le ligneux l'est si peu ; que le gluten enfin , soit, par toutes ses propriétés , une substance animale ? Comment un tissu animal élabore-t-il dans son sein des globules privés d'azote , comme le sont les globules d'amidon ?

Cette difficulté ne tire sa force que de l'idée, je puis dire arbitraire, que nous nous sommes formée du rôle que joue l'azote dans la combinaison des tissus azotés. Parce que l'analyse élémentaire nous a fait constater la présence de l'azote dans le tissu d'une substance organique, nous en avons conclu que l'azote formait un des élémens de sa combinaison. Il n'est venu dans l'esprit à personne de se demander, si cet azote ne pourrait pas être considéré comme étranger au tissu lui-même, et comme y existant, soit libre mais condensé, soit combiné avec une autre substance également étrangère à la première substance. Ces deux suppositions méritent pourtant d'être l'objet de recherches spéciales ; nous les avons exlreprises, et nous croyons avoir obtenu des résultats satisfaisans.

112. Nous avons déjà vu (§ 34), que l'empois mis en contact avec l'air atmosphérique se change en substance azotée. Ne serait-il pas possible que l'azote du gluten reconnût pour cause la même absorption de l'air atmosphérique ? On sait que les corps poreux sont capables de condenser les gaz qu'ils absorbent, et par conséquent de les combiner ; M. Lonchamp a rendu plus que probable la formation de l'acide nitrique, aux dépens de l'oxigène et de l'azote de l'air atmosphérique absorbé et condensé par les pores de la craie. Or le gluten absorbe de l'air, non-seulement dans l'état de vie et de développement de l'ovaire, mais encore pendant l'acte de la malaxation ; ce dernier point est d'une vérité incontestable. Or si l'on recueille les gaz que le gluten laisse dégager les premiers jours de son contact avec l'eau, on trouve, comme l'a constaté Proust, que ces gaz ne sont que de l'acide carbonique et de l'hydrogène pur. Qu'est devenu l'azote de l'air atmosphérique ?

113. Pour évaluer le genre d'influence que l'air atmosphérique emprisonné par la malaxation exerce sur la décomposition du gluten, j'entrepris les expériences suivantes : 1° je plaçai de la farine de froment dans un sachet à doubles parois d'une toile serrée ; je plongeai ce sachet dans l'eau d'un grand bocal muni à sa base d'une tubulure. Le lendemain j'ouvris la tubulure de la base, en ayant soin de remplacer l'eau qui en sortait par une quantité égale d'eau qui coulait dans le bocal par l'ouverture supérieure ; de manière que le sachet rempli de farine n'était jamais en contact avec l'air. Afin d'accélérer le rapprochement des molécules du gluten, j'avais soin de faire frapper le sachet contre les parois du vase ; la fécule sortait à travers les mailles du sachet de même que les substances solubles dans l'eau. Je répétai cette opération pendant plusieurs jours, à différentes reprises. J'ouvris alors le sachet ; je séparai en deux portions ce gluten ; je déposai l'une dans un bocal plein d'eau de 8 cent. de hauteur (n° 1) ; je malaxai l'autre avec les mains et au contact de l'air, je le déposai ensuite dans un godet plein d'eau de 3 cent. de hauteur (n° 2) ; d'un autre côté, je pétris de la farine pendant un quart d'heure, sans chercher à en extraire le gluten ; je la déposai dans un bocal plein d'eau ayant les mêmes dimensions que le premier (n° 3) ; enfin je jetai, dans l'eau d'un bocal semblable, une égale quantité de farine, qui en se déposant au fond du

vase, y formait une couche de 2 cent. de haut (n° 4). Quinze jours après le n° 1 répandait seulement une odeur acétique, et rougissait le tournesol ; le n° 2 répandait une odeur fétide et ramenait au bleu le papier rougi par les acides ; le n° 3 un peu fétide donnait des signes ambigus d'acidité et d'alcalinité ; le n° 4 fade, acidulé, rougissait le tournesol. 20 jours plus tard le n° 1 répandait la même odeur acétique, rougissait le tournesol ; le n° 2 très-fétide, bleuissait fortement le tournesol rougi par un acide ; le n° 3 devenu acétique et un peu alcoolique, rougissait faiblement le tournesol ; le n° 4 de même, quoique avec une odeur vaguement fétide. Ainsi le même gluten se comportait de deux manières différentes selon qu'il avait été malaxé avec ou sans le contact de l'air. La farine se comportait de deux manières différentes selon qu'elle avait été soumise à l'une ou l'autre de ces épreuves.

On aurait pu croire que les deux glutens n°ˢ 1 et 2 n'avaient tant différé l'un de l'autre, que parce que le second avait été pétri avec les mains, circonstance dont les chimistes n'ont jamais tenu aucun compte, mais qu'il m'importait d'évaluer. Je malaxai donc deux quantités égales de farine, l'une à l'aide d'une cuiller en fer et sur un tamis en crin, et l'autre avec le secours des mains ; je déposai une égale quantité de chacun de ces deux glutens dans une égale quantité d'eau. Les deux glutens marchèrent toujours de front sous le rapport de l'alcalinité ; seulement le gluten malaxé avec le secours des mains répandait une odeur fétide et spermatique, tandis que l'autre n'avait contracté, même quinze jours après, qu'une odeur de lait gâté. Ainsi les mains, par leur transsudation et les débris épidermiques qu'elles cèdent au gluten, ne peuvent qu'accroître l'intensité, mais non changer la nature de la décomposition de cette substance ; ce n'était donc pas à cette circonstance qu'on eût été en droit d'attribuer la différence des produits n°ˢ 1 et 2 de la première expérience.

Enfin le gluten existe avec tous ses caractères dans la farine avant la malaxation : d'où vient cependant que la farine simplement déposée dans l'eau ne donne presque jamais des signes d'une fermentation alcaline ? On pourrait dire que dans la farine, il existe des substances hétérogènes, l'huile, le sucre, la gomme, la résine, etc., dont le mélange est susceptible de masquer ou de paralyser la fermentation glutineuse. Pour répondre à cette objection, j'ai placé,

le 30 mars 1826, de la farine dans un bocal de 8 cent. de haut et
de 3 d'ouverture, rempli d'eau distillée jusqu'au goulot. La farine
formait au fond du vase une couche de 2 cent. et demi. Lorsque
toute la farine me parut déposée, je décantai le liquide que je remplaçai par une égale quantité d'eau distillée, dans laquelle j'eus soin
d'agiter et de délayer avec un tube de verre toute la couche de farine. La même opération fut répétée, et souvent deux fois par jour.
les 2, 4, 8, 9, 11, 12 et 18 avril, en sorte que ces divers lavages ont
pu s'élever au nombre de 12. La couche de farine avait diminué
d'un centimètre; car l'eau que j'enlevais tenait souvent en suspension des tégumens et des couches de cellules de différente nature.
ainsi que j'avais eu soin de m'en assurer au microscope. Or, ce ne
fut que le 21 avril qu'une odeur fade de lait aigri commença à se
manifester, et ce ne fut que le 4 mai que le papier tournesol indiqua
des traces d'une acidité qui devint de jour en jour plus prononcée;
l'odeur a fini par se montrer avec tous les caractères de l'odeur caséique qu'exhale la fécule bouillie, et placée dans les conditions que
j'ai décrites ci-dessus; mais jamais les papiers réactifs n'y ont révélé le plus léger indice d'alcalinité. Cette acidité ne pouvait donc
plus être attribuée à la présence des substances étrangères au gluten; car il est facile d'admettre qu'à la faveur de tant de lavages
répétés, j'étais parvenu à les enlever toutes; et qu'il ne restait en
conséquence dans l'eau que des grains inaltérables d'amidon et
des parcelles du gluten. Les bulles de la fermentation s'élevaient avec
rapidité, depuis le 21 avril, de la couche farineuse; ces bulles
étaient donc fournies par la décomposition du gluten. Le gluten
peut donc, surtout lorsqu'il n'a pas été malaxé à l'air, fournir des
produits acides et non ammoniacaux.

Supposerait-on que la nature acide de ces produits pourrait encore être attribuée à la présence de ces quantités inappréciables de substances solubles, dont les lavages les plus nombreux ne parviennent
jamais tout-à-fait à dépouiller les substances insolubles de la farine.
Mais alors, le gluten obtenu par la malaxation, devrait fournir
des produits bien plus acides que la farine lavée; car il est évident
que, pendant le cours de la malaxation, le gluten emprisonne, dans
ses mailles factices, un très-grand nombre de parcelles avec lesquelles il était mélangé avant la manipulation. L'huile, le sucre.
le son, la fécule surtout. ainsi qu'on le constate au microscope. y

existent en grande proportion. Et pourtant la présence de toutes ces substances n'empêche pas le gluten malaxé, de donner, en peu de temps, des signes évidens d'alcalinité et de putréfaction. Donc l'intensité de ces deux circonstances doit être attribuée à la présence de l'air atmosphérique dans les mailles naturelles ou factices du gluten malaxé.

114. Ce n'est pas que, dans la fermentation acide de la farine, il ne se produise pas de l'ammoniaque ; car nous avons vu que l'acide caséique ne tardait pas à manifester son odeur. et, ainsi que nous l'avons vu en parlant de la décomposition de l'empois (§ 34), l'acide caséique n'est qu'un sel à base d'ammoniaque, un acétate par exemple plus ou moins mélangé. Mais puisque, après la malaxation, il se produit assez d'ammoniaque pour masquer la présence des acides, il est naturel de conclure que cette différence tient à une espèce d'élaboration de l'air atmosphérique. Dans le gluten malaxé, le sel ammoniacal tendrait de plus en plus à devenir avec excès de base. Dans la farine non malaxée, au contraire, il resterait avec excès d'acide. L'expérience suivante vient encore à l'appui de cette théorie.

115. Le 17 juillet 1826, j'introduisis 1 gros de gluten malaxé, dans un flacon plein d'eau distillée, et bouché à l'émeri. Dès le lendemain le gluten était soulevé, des bulles de gaz s'échappaient de sa substance intérieure, et finirent par former, en se réunissant, une grosse bulle sous le goulot. Je débouchai le flacon, j'achevai de le remplir d'eau distillée et je le bouchai de nouveau. Le gluten se souleva encore, laissa dégager force bulles de gaz jusqu'au 28 juillet, époque à laquelle la masse commença à se tasser au fond du vase, et à y former un gâteau compacte qui n'adhérait aucunement au verre, et qui, lorsque je renversai le vase, retombait en entier sur le goulot. Aucune bulle d'air ne se dégagea plus après cette époque ; mais peu à peu le gluten commença à noircir. Le 26 octobre, le gluten n'avait pas changé de forme ; j'ouvris le flacon, il s'échappa de tous les points du liquide une multitude de petites bulles vers le goulot : l'odeur était si fétide, qu'elle me causa un mal de tête violent. Je rebouchai le flacon. Le 26 novembre, je rouvris le flacon qui, depuis le 26 octobre, n'avait pas donné les moindres signes de fermentation, quoiqu'il eût été un instant en contact avec l'air atmosphérique. L'odeur qui sortit fut si fétide et si

insupportable, que je ne me sentis pas le courage de recueillir les gaz qui s'en échappèrent pendant plus de deux heures après l'ouverture du bouchon. Pour me délivrer de cette odeur, je rejetai l'eau du flacon, et je versai, sur le gâteau de gluten, de l'acide hydrochlorique étendu. Aussitôt le gluten reprit sa blancheur primitive, et, au lieu de l'odeur insupportable dont je viens de parler, *il exhala une odeur agréable d'acide caséique*. Je jetai le gâteau sur un filtre, je le lavai à grande eau, et j'obtins une masse blanche pulvérulente, sans odeur prononcée, qui, observée au microscope, ne m'offrait que des parcelles de gluten, telles qu'on les reconnaît dans la farine délayée dans l'eau.

Or quel rôle a joué l'acide hydrochlorique dans cette circonstance ? n'est-ce pas évidemment d'avoir saturé l'excès de base du sel ammoniacal, qui dès lors s'est fait sentir avec son excès d'acide.

116. Et qu'on n'objecte pas que la quantité d'air atmosphérique que sa masse est capable d'absorber ne soit pas en rapport avec la quantité de produits ammoniacaux que fournit le gluten par sa décomposition spontanée, ou que la quantité d'azote qu'il fournit par l'analyse élémentaire ; car le gluten soit pendant la végétation, soit pendant la malaxation, joue évidemment le rôle d'un corps poreux. Or, si les corps poreux inorganiques ou désorganisés sont susceptibles d'absorber, en les condensant, des quantités considérables d'air, pourquoi refuserait-on cette même propriété à un corps organique encore doué de toutes les propriétés que lui communique sa structure et sa vitalité, si je puis m'exprimer ainsi ? pourquoi lui refuserait-on ce que l'expérience nous force d'accorder à la craie et au charbon ? Or, si le gluten peut condenser l'air atmosphérique, il peut en combiner les élémens non-seulement entre eux, mais encore avec sa propre substance. L'azote et l'hydrogène du tissu formeront l'ammoniaque, l'oxigène avec le carbone et l'hydrogène du même tissu, ou l'oxigène et l'azote suffiront à toutes les combinaisons acides auxquelles l'ammoniaque viendrait s'associer.

117. Quoique les principaux produits ammoniacaux de la décomposition du gluten puissent être attribués, sans blesser les règles de l'analogie, aux combinaisons du tissu et des élémens de l'air atmosphérique qui se trouve emprisonné dans ses mailles, par l'effet soit de la végétation, soit de la malaxation ; on est encore en droit d'en indiquer l'origine dans la présence des sels ammoniacaux qui.

pendant les phases de la végétation, se seraient combinés avec le tissu, et qui peut-être contribueraient autant à lui conserver son élasticité, que les sels calcaires, comme nous le dirons plus tard, contribuent à communiquer une solidité ligneuse aux tissus organisés. Que ces sels ammoniacaux existent de toutes pièces dans le gluten, même avant la malaxation, c'est ce qui paraîtra plus que probable, par ce que nous allons exposer sur l'histoire de l'albumine animale, substance avec laquelle le gluten a de si grands rapports.

118. *Albumine animale.* — Quand on observe une couche de l'albumine de l'œuf, placée avec assez de précaution, sur le porte-objet du microscope, pour qu'on soit en droit de penser que les déchiremens n'en ont pas essentiellement altéré l'organisation, on parvient à se convaincre que l'albumine n'est pas une substance homogène. Car en faisant mouvoir de droite à gauche le miroir réflecteur, on voit, par l'effet du jeu de la lumière, des réseaux nuageux s'entrecroiser ; ce qui n'aurait pas lieu si l'albumine ne se composait pas au moins de deux substances hétérogènes. Lorsque la couche albumineuse est restée quelque temps appliquée contre le porte-objet, et surtout à l'époque à laquelle la dessiccation commence, on voit ce tissu transparent se bosseler, et offrir des globes plus ou moins agglutinés (1). Cette circonstance n'a pas lieu, lorsqu'on observe la gomme arabique purifiée à travers plusieurs filtres réunis. D'un autre côté, ces deux substances hétérogènes ne pouvaient être supposées exister dans l'albumine sans ordre et d'une manière confuse ; puisque cet effet de lumière produit par le mouvement du miroir réflecteur a lieu avec la même intensité, sur tous les points de la surface observée. A l'œil nu une masse d'albumine de l'œuf, pourvu qu'elle ne soit pas altérée, offre par réflexion, comme par réfraction, la même homogénéité de structure, et la même diaphanéité dans toute sa substance ; ce qui achève de prouver que les substances hétérogènes que l'observation microscopique permet d'abord d'y supposer, doivent s'y trouver dans un arrangement régulier et non associées pêle mêle et sans ordre ; car autrement, au lieu de paraître diaphane, l'albumine aurait l'aspect laiteux

---

(1) *Voy.* fig. 14 de la planche relative à l'*hordéine* et au *gluten.*

et opaque des liquides qui tiennent en suspension des substances de nature diverse.

119. L'analogie me porta à penser que ces deux substances albumineuses se trouvent l'une à l'état de tissu, et l'autre à l'état de liquide renfermé dans les cellules du tissu. Pour m'en convaincre, j'agitai, dans l'eau distillée, de l'albumine fraîche de l'œuf de poule. L'agitation rendit l'eau laiteuse, et l'on y voyait flotter une quantité assez considérable de larges fragmens de tissus blancs et membraneux ; je filtrai à travers plusieurs filtres ; l'eau passa limpide et incolore ; le filtre resta recouvert de tissus blancs, qui agités dans l'eau refusèrent de s'y dissoudre, et la rendirent de nouveau laiteuse. Le liquide filtré évaporé spontanément sur une lame de verre, offrait au microscope la même homogénéité, les mêmes ondulations et les mêmes cassures qu'une couche desséchée de gomme arabique (1). Si on l'exposait à l'action de la chaleur, il devenait laiteux et se coagulait : si on l'abandonnait au contact de l'air, il se corrompait et se couvrait de monades. En conséquence l'albumine de l'œuf se compose d'un tissu insoluble, organisé régulièrement et renfermant dans ses cellules une substance soluble, beaucoup plus altérable que le tissu.

Ce dernier lui-même s'est organisé de toutes pièces et successivement ; car plus l'œuf est jeune, moins l'albumine est consistante : en sorte que les œufs que l'on appelle *frais* offrent une albumine presque liquide.

120. Il ne faudrait pas penser qu'un tissu cellulaire doive présenter, dans toutes les circonstances, à l'œil de l'observateur, ce réseau de mailles polygonales aussi fortement dessinées, qu'elles se font remarquer dans le tissu adipeux, ou dans les tissus végétaux. Les substances solubles renfermées dans les cellules d'un tissu, se rapprochent tellement, par leur nature et par conséquent par leur pouvoir réfringent, des parois des cellules elles-mêmes, que, toutes les fois qu'il n'existe aucun vide entre les parois et la substance soluble, la lumière traverse l'une et l'autre de la même manière ; et l'œil les confond toutes les deux. Si au contraire, autour des parois extérieures de chaque cellule, il existe une solution de continuité, un ca-

---

(1) Fig. 15.

nal vasculaire, et qui par conséquent ne soit pas rempli de la même substance qu'élabore l'intérieur de la cellule; dès ce moment ce canal dévie les rayons lumineux, et dessine les contours de la cellule. C'est à cette dernière circonstance que tient la configuration de ces réseaux si réguliers des divers tissus cellulaires; et c'est à cause de leur absence que l'existence du tissu albumineux est constatée plutôt par l'analogie et le raisonnement, que par l'observation directe. Pour soumettre à une espèce de contre-épreuve tout ce que nous venons de dire, on n'a qu'à déposer des tissus ligneux dans la gomme arabique, en ayant soin de laisser dégager toutes les bulles d'air qui s'insinuent sous les tissus; et lorsque la gomme est entièrement désséchée, les tissus cessent irrévocablement d'être apercevables. On les aperçoit de nouveau en délayant la couche gommeuse dans l'eau; parce qu'alors la gomme, en s'étendant d'eau, acquiert un pouvoir réfringent différent de celui des tissus qui restent insolubles.

121. Les substances solubles que renferment les cellules d'un tissu étant destinées à élaborer elles-mêmes des tissus, et le tissu de l'albumine étant moins putrescible et répandant par incinération des fumées moins ammoniacales que la substance soluble, il doit paraître déjà très-probable que l'ammoniaque qui existe en abondance dans celle-ci est étrangère à son organisation, puisqu'elle peut s'en dépouiller sans cesser de jouir des autres propriétés de l'albumine. Cette probabilité se rapprocherait de bien près de l'évidence, s'il était possible de constater, dans l'albumine fraîche, la présence des sels ammoniacaux. Or rien n'est plus facile que d'obtenir ce résultat; si l'on laisse évaporer sur le porte-objet du microscope une goutte d'albumine filtrée et étendue de beaucoup d'eau, on observe une quantité assez considérable de ramifications d'hydrochlorate d'ammoniaque, telles que je les ai dessinées sur la planche relative à l'analyse du suc des *Chara* (1). Ces ramifications varient de direction selon les diverses circonstances qui président à leur cristallisation, et selon les quantités d'albumine; mais les réactifs se comportent toujours avec elles comme avec l'hydrochlorate d'ammoniaque que l'on forme de toutes pièces. Rien ne s'oppose à admettre que d'autres sels non cristallisables et à base d'ammoniaque se trouvent également dans l'albumine.

____

(1) *Voy.* Expériences sur les *Chara*, pl. 9, fig. 12, *d.*

122. Or que doit devenir cette ammoniaque dans l'analyse élémentaire? On sait que l'ammoniaque se décompose, lorsqu'elle est en contact avec le charbon incandescent, ou avec l'air atmosphérique à la chaleur rouge. Dans l'analyse élémentaire, l'azote sera donc mis en liberté ; et l'hydrogène ira se réunir à l'hydrogène de la substance organique. Quant à l'acide, il se reportera, ou bien sur les carbonates qui se forment pendant l'incinération, ou bien sur l'oxide de cuivre qu'on a introduit dans l'appareil ; ces circonstances sont évidentes, et si cette théorie a échappé si long-temps aux chimistes, c'est qu'il ne leur était jamais venu à l'esprit, que les sels ammoniacaux existassent de toutes pièces dans l'albumine non altérée (1) ; aussi n'ont-ils pas hésité à expliquer les produits ammoniacaux qu'on obtient à la distillation, par la combinaison subite de l'azote et de l'hydrogène de la substance qu'ils considéraient comme un composé quaternaire d'azote, d'hydrogène, d'oxigène et de carbone. Mais aujourd'hui qu'ils pourront constater la présence des sels ammoniacaux et surtout de l'hydrochlorate d'ammoniaque, non-seulement dans l'albumine liquide, mais encore dans tous les liquides de nature animale, et que d'un autre côté, l'analogie que nous avons déduite d'un assez grand nombre de faits porte évidemment à penser que les substances azotées ne le sont pas par leur composition organique, ils ne se refuseront pas, je pense, à faire entrer ces considérations dans leurs explications théoriques.

123. Une fois qu'il est prouvé que les sels ammoniacaux existent formés de toutes pièces dans les liquides que renferment les cellules des tissus ; il ne sera pas difficile d'admettre que les tissus insolubles en renferment aussi dans leurs mailles, soit libres, soit combinés en quelque sorte avec leurs parois, comme nous prouverons plus tard que la chaux et la potasse existent, pour ainsi dire, à l'état de base, dans les tissus ligneux qui jouent à leur tour le rôle d'acide. Mais alors leur présence ne pourra plus être constatée au microscope, et l'eau ne sera plus capable de s'en charger que par la décomposition du tissu même. C'est pour cela que, dans le gluten et dans

---

(1) M. Thénard a été même jusqu'à attribuer l'alcalinité de l'albumine qui s'altère, à la présence du carbonate de soude dont, dit-il, l'albumine renferme une petite quantité. (*Traité de Chim.*, t. IV, p. 360.)

les autres tissus azotés, il n'est pas aussi facile de déceler l'ammoniaque que dans l'albumine. Mais dès que les faits bien constatés
nous abandonnent, l'analogie, si elle en est déduite rigoureusement,
nous conduit à des conséquences et à des applications tout aussi
sûres que le feraient les faits eux-mêmes.

124. L'analyse élémentaire que nous possédons de diverses substances azotées, offre des nombres qui, bien loin d'être en opposition
avec cette théorie, ne font au contraire que la confirmer. On convient
aujourd'hui, surtout depuis les dernières analyses élémentaires de
M. Prout (1), que les substances organiques neutres et non azotées
peuvent être représentées par une molécule d'eau et de carbone. Or
en combinant entre eux les nombres obtenus par l'analyse élémentaire
des substances dites azotées, on trouve qu'on peut les considérer
comme des substances organiques non azotées, associées avec de
l'ammoniaque et un peu d'hydrogène carboné. Soient en effet les
analyses de la fibrine, de la gélatine, de l'albumine et du caséum,
que nous devons à MM. Thénard et Gay-Lussac; le calcul donnera
le tableau suivant, dans lequel la 1re colonne indiquera les nombres
obtenus par l'analyse, la 2e les quantités à prendre dans ces nombres
pour obtenir l'eau, l'ammoniaque et l'hydrogène carboné, dont les
proportions se remarquent dans la troisième :

		1re C.	2e C.	3e C.
GÉLATINE.	Carbone.....	47,881	42,114	42,114
	Oxigène.....	27,207	27,207	30,587 eau.
	Hydrogène..	7,924	3,380	
			3,592	
	Azote.......	16,988	16,988	20,580 ammon.
	....	......	0,952 d'hydr....	
	....	......	5,767 de carbon.	6,719 hydr. carbon.
		100,000	100,000	100,000
FIBRINE.	Carbone.....	53,360	51,056	51,056
	Oxigène.....	19,685	19,685	22,131 eau.
	Hydrogène..	7,021	2,446	
			4,196	
	Azote.......	19,934	19,934	24,130 ammon.
	....	......	0,379 d'hydr....	
	....	......	2,304 de carb.	2,683 hydr. carbon.
		100,000	100,000	100,000

____

(1) *Trans. philos.*, 1827, p. 388.

		1re C.	2e C.		3e C.	
ALBUMINE.	Carbone.....	52,883	41,450............		41,450	
	Oxigène.....	23,872	23,872............		26,729	eau.
	Hydrogène..	7,540	2,857............ 3,291............		18,996	ammon.
	Azote.......	15,705	15,705............			
	....	......	1,392 d'hydr....		9,825	hydr. carbon.
	....	......	8,433 de carb...			
		100,000	100,000		100,000	

		1re C.	2e C.		3e C.	
CASÉUM.	Carbone.....	59,781	50,761............		50 761	
	Oxigène.....	11,409	11,409............		12,827	eau.
	Hydrogène..	7,429	1,418............ 4,522............		25,903	ammon.
	Azote.......	21,381	21,381............			
	....	......	1,489 d'hydr....		10,509	hydr. carbon
	....	......	9,020 de carbon.			
		100,000	100,000		100,000	

125. Je ne prétends pas que les choses se passent exactement dans la nature, comme ces combinaisons de nombres sembleraient l'indiquer. J'ai voulu seulement faire voir, qu'en employant tout l'azote, on trouverait dans la quantité d'hydrogène de quoi former de l'ammoniaque, et qu'ensuite en employant l'autre moitié d'hydrogène à former de l'eau, il resterait une quantité d'hydrogène qu'on pourrait supposer combinée avec le carbone. Mais on conçoit pourtant, qu'au lieu de se représenter le tissu organique comme une combinaison de 42,114 de carbone et 50,587 d'eau par exemple, on pourrait penser qu'une certaine quantité de ce carbone est combinée avec une partie de l'oxigène et avec l'hydrogène restant, pour former un acide qui saturerait l'ammoniaque.

Mais en définitive, on conçoit que rien ne s'oppose à ce qu'on admette que l'azote des substances animales n'existe pas dans celles-ci, comme élément quatrième de leur combinaison, mais comme un élément de l'ammoniaque qui se forme de toutes pièces dans l'acte de la vie soit végétale, soit animale, et qui se combine ensuite comme base, ou avec les tissus, ou avec les acides qui se forment simultanément sous l'influence des mêmes circonstances.

En admettant cette théorie, les tissus n'offrent plus les anomalies que nous avons déjà eu l'occasion de signaler; ils pourront devenir et cesser d'être azotés, sans changer de nature et sans rien perdre de

leur composition. Le ligneux aura pu commencer par être glutineux, par le seul fait de l'échange d'un sel ammoniacal ou de
l'ammoniaque contre un sel terreux ou contre une base terreuse.

126. *Applications des théories précédentes aux substances
azotées autres que les tissus.* — Nous avons vu (§ 34) que l'ammoniaque se forme de toutes pièces, dans les substances organiques
non azotées, et qui sont capables d'absorber de l'air ; que d'un autre
côté il se forme en même temps un ou plusieurs acides (§ 113) qui
en s'unissant avec l'ammoniaque, peuvent offrir des caractères variables selon que la base ou l'acide sont en excès (§ 115) ; que ces
deux créations sont accompagnées de la désorganisation des tissus,
et peuvent bien en être les effets plus ou moins immédiats. Or, ce
qui arrive sous l'influence d'une désorganisation spontanée des
tissus, n'arriverait-il pas sous celle d'une désorganisation artificielle ? Je ne pense pas qu'on puisse le nier. Car, qu'importe par
quel moyen on sépare les élémens d'un corps, pourvu qu'en définitive ils se trouvent dans un état d'isolement favorable à de nouvelles synthèses ?

127. Dans mes recherches sur les *tissus organiques* (1), j'avais
déjà annoncé que la potasse, ou tout autre alcali caustique, en
désorganisant les tissus par l'élévation de température, se saturait
d'un acide soit carbonique, soit de toute autre espèce, qui se formait alors aux dépens des élémens isolés des tissus. La preuve sur
laquelle je fondais cette assertion était sans réplique à mes yeux ;
car j'avais observé que l'amidon, après avoir été torréfié avec de la
potasse caustique, se colorait en bleu par l'iode, ce qui n'arrive
pas lorsque la potasse n'a pas passé à l'état au moins de carbonate.
Il faut en effet employer un acide, pour que l'iode ne se porte pas
sur la potasse, quand cette base n'est combinée avec l'acide carbonique qu'au premier degré. M. Gay-Lussac (2) vient de confirmer
cette découverte, en s'assurant que, par la potasse, les substances
organiques fournissent surtout de l'acide oxalique.

---

(1) Tom. III des *Mém. de la soc. d'hist· nat. de Paris*, § 15, 27, p. 88 ;
§ 98, etc.

(2) *Ann. de chim. et de phys.*. t. XLI, août 1829 ; *Ann. des sc. d'obs.*,
t. III, *bulletin analytique*, mars 1830.

128. En conséquence, lorsqu'on traitera par un alcali, et à l'aide de la chaleur, une substance organique formée de tissus de diverses natures, on pourra produire des acides qui eux-mêmes sembleront être de diverses natures, soit en s'associant les uns aux autres, soit en s'associant avec des substances organiques qu'ils sont capables de dissoudre, telles que les huiles, les résines, l'albumine, etc.; mais si d'un autre côté il se forme aussi de l'ammoniaque, on aura produit un sel ammoniacal qui, en cristallisant, sera capable de donner le change sur sa nature et son origine; et enfin si les procédés que nous employons soit en chimie, soit en physique, pour isoler l'acide et la base d'un sel ammoniacal, sont impuissans, ce sel ammoniacal apparaîtra sous forme d'un alcaloïde, dans lequel l'analyse élémentaire nous indiquera la présence de l'hydrogène, de l'oxigène, du carbone et de l'azote. Or, quels sont les procédés dont nous venons de parler? Un acide minéral pour isoler l'acide organique; une base pour isoler la base ammoniacale, enfin la pile; mais, disions-nous alors, n'est-il pas possible que l'acide organique ayant plus d'affinité pour l'ammoniaque que l'acide minéral, et la base terreuse en ayant moins pour le premier acide que la base ammoniacale, le sel ammoniacal résiste à cette double épreuve, et que la pile ne soit pas plus puissante que les réactifs? Hé bien, cette opinion a été depuis pleinement confirmée par M. Wœhler, qui a découvert que l'urée n'était qu'un cyanate d'ammoniaque. Le hasard, nous osons l'assurer, ne laissera pas cette découverte isolée dans la science; et, tôt ou tard, nos alcalis végétaux seront reconnus pour des sels ammoniacaux avec excès de base.

129. Les alcalis végétaux cristallisent tous, comme le font les sels organiques à base d'ammoniaque. Malgré la variété de leurs ramifications, on peut dire qu'elles affectent toutes un certain type général qu'il est facile de reconnaître, lorsqu'on en a fait une étude aussi détaillée que celle que nous avons poursuivie depuis deux ou trois ans. Les variations qu'on observe dans les ramifications du même sel, tiennent au plus ou moins de rapidité avec laquelle

---

(1) *Ann de chim. et de phys.*, t. XLI, août 1829. Voy. *Ann. des sc. d'obs*, t. III, p. 441.

l'évaporation du menstrue aura eu lieu, au degré de température, à la nature du menstrue, aux mélanges étrangers, etc., etc.

130. Si nous consultons ensuite les proportions que les tables d'analyse élémentaire nous donnent, pour les quantités de carbone, d'oxigène, d'hydrogène et d'azote que chacun de ces alcoloïdes contient, on restera convaincu, je pense, que rien ne s'oppose à les considérer comme des sels ammoniacaux avec excès de base. Soient en effet la Quinine et la Vératrine; l'analyse de MM. Dumas et Pelletier nous donne pour la première et pour la seconde :

	Carbone.	Azote.	Hydr.	Oxigène.
Quinine.	75,02	8,45	6,66	10,43
Vératrine.	66,75	5,04	8,54	19,60

En prenant tout l'azote de la quinine et le combinant avec 1,78 d'hydrogène, j'aurai 10,23 d'ammoniaque. Restera 4,88 d'hydrogène, 10,43 d'oxigène, 75,02 de carbone qui formeraient l'acide combiné avec l'ammoniaque. Mais 10,91 d'acide sulfurique neutralisent 100 de quinine; or 10,91 d'acide sulfurique satureraient 4,68 d'ammoniaque. Si donc nous supposons que l'alcaloïde soit un sel ammoniacal, avec excès de base, l'excès de base serait 4,68 et il restera 5,55 d'ammoniaque pour saturer l'acide plus ou moins mélangé que nous supposons exister dans la quinine. On aurait alors un double sel ammoniacal et neutre.

Parmi les acides végétaux, c'est l'acide benzoïque qui se rapproche le plus de notre acide supposé par la quantité de carbone :

	Carbone.	Oxigène.	Hydrogène.
Acide supposé	75,02	10,43	4,88
Acide benzoïque	74,86	19,87	5,27.

Mais 87,51 d'acide benzoïque saturent 12,49 d'ammoniaque.

Dans la vératrine nous trouverions par les mêmes calculs, 6,10 d'ammoniaque, dont 2,84 saturant 6,64 d'acide sulfurique; d'où il résulterait que 3,25 d'ammoniaque satureraient l'acide supposé, lequel serait composé de 66,75 de carbone, 7,48 d'hydrogène,

19,60 d'oxigène, acide, comme on le voit, qui se rapprocherait encore plus de l'acide benzoïque.

151. En appliquant les mêmes principes aux odeurs, aux miasmes, aux typhus, etc., on se trouve tout à coup au sein d'une explication lumineuse et facile de tout autant de phénomènes sur lesquels l'imagination s'est exercée et s'exerce encore par des théories vagues et indéterminées.

152. Les odeurs, en général, des corps organisés n'étant que des sels volatils à base d'ammoniaque, plus ou moins variables, dans leurs proportions, on ne verra plus rien d'inexplicable dans l'expérience (§ 115) qui nous a fait découvrir que la fétidité insupportable du gluten se métamorphose en odeur agréable d'acide caséique, dès qu'on met en contact ce foyer d'infection avec l'acide hydrochlorique. L'acide hydrochlorique a eu pour principal effet de s'emparer de l'excès de base, et de rendre par conséquent le sel à sa première innocuité. C'est de la même manière que l'acide acétique communique une odeur agréable et souvent une odeur de violette à l'urine chargée des principes de l'asperge officinale.

153. Des miasmes se dégagent du sein des eaux, des entrailles de la terre, des débris des cadavres; or ces miasmes délétères n'étant des composés nuisibles que parce qu'ils sont facilement décomposables par un acide quelconque ou une base ammoniacale; les fumigations, par les acides carbonique, acétique ou pyroligneux qu'elles produisent, saturent l'excès de base et forment un double sel innocent et durable, d'un sel fugace et désastreux. Les chlorures soit de chaux, soit d'oxide de sodium, opèreront alors par double décomposition; l'acide délétère par lui-même se reportera sur la soude ou la chaux, le chlore saturera l'ammoniaque, et de là résultera un double sel ou deux sels, dont les acides devenus fixes ne pourront plus nuire à l'organisation.

134. On voit ainsi que ces querelles de contagion et de non contagion se touchent de bien près, et se réduisent, en définitive, à un malentendu. Que ces sels ammoniacaux et délétères se dégagent des cloaques, des marais, etc., ou du corps gangrené ou décomposé des morts et des mourans, les deux hypothèses sont également admissibles; la première dominera dans un cas, la seconde dominera dans l'autre. Les habits eux-mêmes seront susceptibles de devenir à leur tour, sinon des foyers, du moins des

véhicules de contagion, selon que les circonstances physiques seront plus ou moins capables de favoriser la communication des sels pestiférés à base d'ammoniaque. Dans les grandes chaleurs, par une atmosphère chaude et humide, lorsque l'homme imprudent qui s'en revêt est dans un état de moiteur et de transpiration, ces sels se communiqueront avec un succès plus rapide et plus pernicieux que par une température froide, sèche, ou bien lorsqu'ils agiront sur une peau moins perméable et moins visqueuse et sur des tempéramens plus propres à les neutraliser en tout ou en partie; car il est encore fort possible que l'excès seul en soit pestifère et mortel.

135. En conséquence, en admettant que toutes les substances azotées alcalines ou neutres ne soient azotées que par l'existence d'un sel ammoniacal, et que les tissus quelconques, ou végétaux ou animaux, qui donnent de l'azote à l'analyse, puissent être représentés par une combinaison d'une molécule d'eau et d'une ou deux molécules de carbone, combinaison qui formera la base essentielle du tissu, lequel s'associant ensuite avec l'ammoniaque ou un de ses sels, apparaîtra avec les formes des substances animales, et, s'associant avec les bases terreuses, composera le ligneux; en admettant, dis-je, ces idées, l'explication des phénomènes devient plus simple et plus facile, et l'on ne se voit pas obligé de créer autant de théories qu'on s'occupe de cas particuliers. Quant à l'association des tissus avec les bases terreuses, nous y reviendrons après avoir achevé l'histoire de la graine des céréales, dont cette digression, indispensable du reste, nous a fait suspendre le cours.

136. *Hordéine.* — Quoique le résultat que nous allons obtenir soit un résultat négatif pour la science, et que l'expérience doive rayer un nom du catalogue des substances organiques; cependant les détails qu'amènera nécessairement ce sujet, seront le complément de l'analyse des céréales.

137. Dans un travail inséré dans les *Annales de chimie et de physique*, t. V, Proust signala en France, sous le nom d'hordéine, une substance qu'il avait rencontrée dans la farine d'orge, et qu'il avait déjà désignée en Espagne sous le nom de *cevadina*, de *cevada* (orge en espagnol).

138. « Quand on lave une pâte de cette farine, dit ce chimiste,

comme s'il s'agissait d'en tirer de la glutine (1), cette dernière ne s'y trouve point; mais les doigts rencontrent à sa place je ne sais quoi de rude, de sableux, qui n'est autre chose, en effet, que le produit dont nous venons de parler.... L'analyse ne montre rien qui la distingue de tous les tissus ligneux dont l'azote ne fait pas ou presque pas partie. A la distillation, par exemple, le vinaigre, l'huile et les gaz qui en retiennent une partie, mais aucune trace d'ammoniaque. L'acide nitrique la dissout; il en forme de l'acide oxalique, du vinaigre; après quoi paraît un soupçon de ce jaune amer, qui rappelle toujours un peu d'azote. » (p. 342.)

138. Le procédé dont s'est servi Proust, pour isoler cette substance, consiste simplement à faire bouillir *l'amidon* et *l'hordéine* qui se sont déposés simultanément dans le fond du vase pendant la malaxation. L'ébullition rend l'amidon soluble, l'hordéine se précipite; et l'on obtient l'hordéine pure au moyen de quelques lavages.

139. A la lecture de la description de cette substance et du procédé que l'auteur avait suivi pour l'obtenir, je conçus des doutes assez forts sur son existence réelle, et je me proposai de l'obtenir par moi-même et de l'étudier à l'aide de mes nouveaux procédés.

140. Après l'avoir obtenue exactement par le procédé de Proust, le premier coup-d'œil dont elle fut l'objet au microscope me convainquit, qu'au lieu d'une substance immédiate, j'avais sous les yeux un composé compliqué de tissus dont il ne me restait plus qu'à étudier la région dans la graine elle-même. Il est inutile de faire observer que ce mélange de tissus se distingue au microscope tout aussi bien dans la farine d'orge qu'après son extraction. Le seul moyen de mettre quelque ordre dans ces nouvelles recherches, et de parvenir à des résultats plus positifs, c'était d'étudier séparément chaque organe de la graine en particulier et d'en tracer des figures exactes, en tenant toujours compte du diamètre des formes qui se présenteraient constamment. Je vais procéder, à cet égard, en passant des organes plus externes aux organes plus internes (2).

---

(1) C'est le gluten auquel, selon l'usage moderne, Proust a donné une terminaison en *ine*.

(2) Voyez pl. 7; toutes les figures, à l'exception de 1 et 2, sont grossies 150 fois.

141. Une coupe longitudinale du grain mûr de blé, pratiquée à travers le sillon médian que l'on observe sur la face postérieure du grain, offre (fig. 2), 1° le péricarpe (*a*) qui, sur le côté opposé, tapisse l'intérieur du sillon; 2° le périsperme blanc et farineux (*d*); 3° l'embryon (*b*), dont l'empreinte se voit à travers le péricarpe à la base de toute graine des céréales.

142. La même coupe pratiquée sur un grain d'orge (fig. 1) offre, outre ces trois organes, les valves calicinales (*e*) qui, en s'agglutinant sur la surface extérieure de la graine, semblent former un autre péricarpe (1).

143. *Péricarpe.* — Avant la fécondation de l'ovaire, le péricarpe se composait de deux couches : l'une blanche, très-épaisse, remplie de fécule (dans l'ovaire du froment), et placée à l'extérieur, l'autre plus mince, verte, tapissant l'intérieur de la cavité, et susceptible, à une certaine époque, de se séparer de la couche blanche, en conservant pourtant des traces de leur première adhérence.

144. A mesure qu'on approche de la maturité, la couche externe et blanche perd peu à peu sa fécule et son épaisseur; ses cellules, dépouillées de la substance nutritive, s'appliquent les unes contre les autres; et quelque nombreuses qu'elles soient, telle est la petite épaisseur de ses parois, qu'elle finit par n'avoir plus que la consistance d'un épiderme ordinaire. Ses cellules, dans le froment, sont des carrés de 1/25 environ de millimètre, si on les observe sur les lambeaux qui recouvrent la région de l'embryon (fig. 2 *b*), et des parallélogrammes allongés ayant 1/7 environ en largeur, si on les observe sur la partie supérieure de la graine (2 *a*'). Quelquefois, au lieu d'offrir des parallélogrammes, elles se présentent comme des ellipses très-étroites pressées les unes contre les autres, la pointe de l'une s'insinuant dans l'interstice des deux autres; mais cette couche d'ellipses est évidemment l'ancien épiderme de la masse blanche dont les cellules sont en parallélogrammes, et l'on aperçoit les ellipses plutôt que les autres formes, toutes les fois que la pointe du scalpel

---

(1) Ce sont les restes de ces deux valves, qui nous mirent sur la voie de découvrir que les grains trouvés dans un tombeau égyptien, et que MM. Kunth, Julia-Fontenelle et Lebaillif avait déterminés comme des grains de blé, n'étaient que des grains d'orge torréfiés. (Voy. ce travail, *Mém. du Mus. d'hist. nat.*, 1827.)

n'a détaché que la plus externe. Cependant on enlève en général la couche blanche tout entière, à cause de son peu d'adhérence à la surface du grain de blé.

145. L'alcool, l'acide sulfurique concentré, n'indiquent aucune substance, soit résineuse, soit saccharine, dans l'intérieur de ces cellules affaissées. L'eau ne paraît rien leur enlever.

146. Au-dessous de cette couche blanche du péricarpe du blé, on rencontre une couche jaunâtre dure et cassante, qui représente la couche verte du péricarpe avant la fécondation. Les cellules de cette couche sont carrées (fig. 7 *b*) sur toute la région qui recouvre l'embryon, de 1/26 de millimètre environ en diamètre; parallèles les unes aux autres par toutes leurs faces. Si l'on prend des fragmens du péricarpe sur les régions supérieures de la graine, les cellules jaunâtres sont alors (fig. 10 *b*) des parallélogrammes allongés dans le sens horizontal, et se croisant de la sorte avec les cellules de la couche blanche qui sont allongées dans le sens vertical de la graine ; elles ont en longueur, c'est-à-dire dans le sens transversal, 1/7 de millimètre, et 1/25 environ en largeur; l'acide sulfurique concentré et l'alcool indiquent que la résine existe dans ces deux modifications (fig. 7 et 10 *b*) des cellules jaunes ; et c'est cette résine qui rend la graine imperméable à l'eau sur tous les points de sa surface, à l'exception du *hile* (fig. 1 et 2 *c*), par lequel la graine tenait à l'articulation supérieure de la fleur.

147. La calotte supérieure du grain de blé est hérissée de poils raides et blancs (fig. 2 *f* et fig. 13), dans l'intérieur desquels le mélange d'acide sulfurique concentré et d'albumine indique la présence du sucre, que ce double réactif colore en purpurin (1).

148. Immédiatement au-dessous de cette couche résineuse, on rencontre une couche composée de cellules hexagonales plus ou moins irrégulières, et si opaques, que, par réfraction, elles paraissent comme des hexagones noirs séparés entre eux par des insterstices transparens, dont l'ensemble forme un réseau blanc. Ces cellules varient autour de 1/25 à 1/57 de millimètre. On voit cette membrane (fig. 5 et 6); et on en voit la coupe longitudinale (fig. 4 *c*). Cette membrane correspond sans doute à la membrane si ténue

---

(1) Voy. *Annales des sciences d'observation*, t. I. p. 72.

qui recouvre le périsperme avant la fécondation, et que l'on rend très-distincte de cet organe, lorsqu'on le plonge dans l'acide sulfurique concentré, lequel colore en purpurin le périsperme, et laisse incolore la membrane (1).

149. A la maturité de la graine, elle adhère si intimement au périsperme qu'on ne peut l'en détacher que par fragmens.

150. Le périsperme et l'embryon (fig. 1 et 2 *d*) sont immédiatement recouverts par cette membrane. Mais sur l'embryon il m'a été, jusqu'à présent, impossible de la découvrir avec ses cellules hexagonales.

151. Nous avons déjà vu (§ 93) que le gluten occupait exclusivement la région du périsperme; que ses mailles étaient susceptibles, avec un peu de soin, d'être distinguées les unes des autres. Dans l'orge, leurs intersections sont plus visibles que dans le blé, à cause de la rigidité que ce tissu affecte dans la première de ces céréales, rigidité telle, qu'elle s'oppose à ce que le gluten puisse en être extrait par la malaxation. Cependant en coupant des tranches minces du périsperme sec du blé, et en les laissant tomber sur une goutte d'eau du porte-objet, on voit que ces membranes offrent en s'étalant, des compartimens remplis de fécule (fig. 4 *d d*) et plus petits que ceux du périsperme de l'orge, mais entre lesquels on parvient, en diminuant l'intensité de la lumière, à distinguer les traces des membranes qui forment les parois des cellules. Ces compartimens ont environ 1/25 de millimètre.

151. Ce périsperme renferme, outre la fécule et le gluten, du sucre et de l'huile, comme le démontre la réaction de l'acide sulfurique concentré. C'est surtout dans le périsperme du maïs que la présence de l'huile est rendue plus sensible par cet acide (2).

152. L'embryon (fig. 1 et 2, *b*) se compose d'un cotylédon qui est immédiatement appliqué contre la surface du périsperme, d'un corps radiculaire, dont les emboîtemens se dirigent en bas, et d'une plumule déjà formée de plusieurs feuilles vertes, qui n'attendent que l'influence de la germination pour se développer. Les fragmens de ces feuilles s'offrent au microscope avec les réseaux

(1) *Ann. des sc. d'obs.*, pl. 2, fig. 8 *b b' b''*.
(2) *Ibid.*, t. I, pl. 2, fig. 10.

que représente la fig. 12 ; le tissu du cotylédon est formé de cellules arrondies recouvertes par un épiderme dont les cellules sont très-allongées et très-étroites (fig. 11).

153. Tous les organes que nous venons de décrire se rencontrent avec des modifications presque insensibles sur le grain de blé (fig. 2), sur le grain d'orge (fig. 1). On doit préférer commencer cette analyse par le grain de blé, parce que les paillettes calicinales qui adhèrent à la surface du grain d'orge ont tellement agglutiné les diverses couches du péricarpe et du périsperme les unes contre les autres, qu'on les isole bien moins facilement qu'en opérant sur le grain de blé. Cependant avec un peu plus de patience, on retrouve sur le grain d'orge tous les analogues du péricarpe du grain de blé, après avoir enlevé les paillettes qui le recouvrent. J'ai eu soin de ranger sur deux lignes parallèles les organes analogues des grains. La 1re ligne renferme l'analyse du grain d'orge. La 2e celle du grain de blé ; je vais en expliquer les détails afin de donner un résumé succinct de tout ce que je viens de dire. Fig. 1, coupe longitudinale d'un grain d'orge ; fig. 2, *id.* d'un grain de blé ; (*a*) péricarpe ; (*a'*) épiderme et couche blanche ; (*b*) embryon ; (*d*) périsperme ; (*e*) paillettes calicinales. — Fig. 3, périsperme de l'orge avec ses cellules glutineuses remplies de fécule ; fig. 4, *id.* du blé (*a b*) péricarpe avec ses deux couches ; (*c*) couche de cellules noires hexagonales (fig. 5 et 6), qui recouvre immédiatement le périsperme.—Fig. 7, péricarpe de l'orge (*a*) couche blanche de cellules, (*b*) couche résineuse, prise sur la surface antérieure du cotylédon.— Fig. 8, *id.* du blé. —Fig. 9, *id.* prise au-dessus de l'embryon de l'orge.— Fig. 10, *id.* du blé.—Fig. 11, fragment de feuilles de la plumule de l'orge et du blé.—Fig. 12, cellules du cotylédon de l'une et de l'autre graine. Toutes ces figures ayant été calquées comparativement, au grossissement de 150 diamètres, il est facile, avec le secours seul des figures de la planche, de déterminer la grandeur réelle de tous ces organes. On n'a qu'à appliquer une règle divisée en millimètres sur chacun d'eux ; on a pour la grandeur réelle *a*, le nombre *b* de millimètres qu'occupe l'organe, divisé par le grossissement *c*, c'est-à-dire $a = \dfrac{b}{c}$ de millimètre.

154. Une fois la forme et la région de tous ces organes ayant

été suffisamment déterminées, il me restait à reconnaître quels étaient ceux que l'on rencontrait dans l'hordéine de Proust, obtenue à l'état d'une grande pureté. Je malaxai de la farine de blé sur un tamis, pour en séparer le gluten ; je fis subir la même opération à la farine d'orge, qui ne me donna qu'une quantité inappréciable de gluten. Je soumis à l'ébullition la fécule qui était tombée au fond du vase, je décantai quelques instans après le repos du liquide, je lavai le résidu à différentes reprises, et j'obtins ainsi une poudre jaunâtre, moins fine dans le blé que dans l'orge, insoluble dans l'eau, susceptible d'être décolorée, mais non dissoute par l'alcool, et que je m'empressai de reconnaître au microscope avant sa dessiccation, afin de ne pas permettre à ses molécules de s'agglutiner et de se confondre ensemble. Sans cette précaution, l'on ne rencontrerait presque que des grumeaux opaques et pourtant susceptibles d'être déterminés ; et en les broyant, on les altérerait au lieu de les isoler.

155. Or dans la substance poudreuse que je venais d'obtenir, je ne découvris que les lambeaux de la couche blanche (*a*), et résineuse (*b*) du péricarpe (fig. 1 *a* et fig. 8, 9, 10) ; la couche à cellules noires et hexagonales, qui enveloppe le périsperme (fig. 5 et 6) ; les fragmens des feuilles de la plumule de l'embryon (fig. 12), et çà et là quelques tégumens de fécule qui avaient été entraînés par le précipité, ou quelques grains intègres qui avaient échappé à l'influence de l'ébullition, et dont on pouvait négliger la présence dans la détermination de la nouvelle substance que j'étudiais ; plus les poils (13), les écailles (16).

156. En conséquence au lieu d'une substance nouvelle, je n'avais là que du *son* très-divisé, qui ne se compose que de fragmens du péricarpe et de l'embryon du blé. Ces fragmens étant insolubles et plus pesans que les tégumens de fécule, se précipitent dès que l'ébullition cesse de les tenir en agitation et en suspension, et on les retrouve au fond du vase, sous forme de poudre plus ou moins impalpable.

Voyez dans quelles aberrations la chimie organique allait se jeter avec tout le luxe de ses appareils et la complication de ses procédés, quand il est arrivé à un chimiste aussi distingué que Proust, de prendre pour une substance immédiate et qu'il regardait comme ayant une haute importance en physiologie, un simple précipité de *son* très-divisé. L'auteur ayant fait l'analyse de l'orge avant et après la germination, trouva que dans le premier cas l'*hordéine* était dans la proportion de 55 à 100 dans la farine d'orge, et que dans le second cas la proportion n'était plus que de 12 à 100 ; résultat qui lui parut si étonnant, qu'il s'en exprime en ces termes : *Et pour l'hordéine enfin, descendue de 55 à 12 par la germination, qu'est-elle devenue ? se serait-elle transformée en amidon ? Que de recherches n'exigeraient pas ces questions !*

157. Mais, dira-t-on, si l'hordéine n'est que du son très-divisé, comment se fait-il que des graines d'un volume à peu près égal, telles que celles du froment et de l'orge, fournissent, la dernière 55 d'hordéine sur 100 de farine, tandis que la première en fournit à peine 20 sur 100 ?

L'anatomie des deux graines donne une réponse péremptoire à cette double objection. Je ne parlerai pas ici des paillettes calicinales qui recouvrent intimement le grain d'orge, et dont les fragmens, en se réunissant à ceux du péricarpe, doivent nécessairement grossir encore la quantité du précipité. Mais cependant il est bon de faire remarquer que ces paillettes, en s'attachant au péricarpe, ont dû imprimer à cet organe des modifications physiques que n'aura pas le grain de blé. C'est du reste ce que la dissection démontre. Car si l'on pratique une coupe transversale sur le grain d'orge et sur celui du blé, on ne manque pas de s'apercevoir que le péricarpe du blé s'enlève en entier et comme un ruban circulaire, tandis que le péricarpe de l'orge, au lieu de s'exfolier, ne se détache que par fragmens très-petits. Ce qui se passe sous le tranchant du scalpel, doit évidemment avoir lieu aussi sous le poids de la meule. En conséquence le *son* se trouvera à un état de division bien plus grossier dans la farine de blé que dans celle de l'orge. Ses fragmens resteront donc au-dessus du bluteau quand on tamisera la farine de blé ; tandis que plus petits et presque microscopiques dans la farine d'orge, ils passeront avec la fécule et le gluten à travers les mailles du bluteau, et deviendront ainsi presque inséparables mécaniquement de la farine d'orge.

159. La preuve en grand de ce que vient de nous révéler l'analyse microscopique, nous est fournie par l'orge perlé. On sait que cette substance se prépare en Hollande, en écartant la meule, qui dès-lors n'écrase plus le grain d'orge, mais le roule sur lui-

même, et le dépouille par le frottement de son péricarpe et de son embryon ; le grain d'orge s'offre alors sous la forme d'une boule blanche perlée comme les petites boulettes de sagou (§. 78), d'où vient le nom d'orge perlé, et qui ne retiennent plus de leur péricarpe que la portion qui, étant emprisonnée dans le sillon (g) postérieur de la graine, n'a pu être usée par la meule. Or si l'on broie cette substance pour en faire de la farine, on obtient une farine aussi blanche que celle du froment, et qui ne donne plus qu'une quantité inappréciable d'hordéine, laquelle provient des fragmens du péricarpe qu'emprisonne le sillon dont je viens de parler.

160. Maintenant il est facile de s'expliquer pourquoi après la germination de l'orge on obtient si peu d'hordéine. Le péricarpe, après la germination, s'est isolé du périsperme dont le gluten s'est décomposé et dont la fécule s'est sacrifiée aux dépens de l'embryon qui a cru et végété. Ce péricarpe est devenu moins cassant et plus élastique en s'imbibant intimement d'eau. Sous la meule, il ne se brisera donc plus qu'en larges compartimens, qui ne passeront plus à travers le bluteau, et qui resteront au-dessus du tamis sous la forme du son ordinaire. Voilà la cause bien simple de l'erreur qui a porté M. Proust à croire que l'hordéine diminuait et que l'amidon augmentait, tandis qu'au contraire il est évident que l'amidon diminue en se sacrifiant à la nutrition de l'embryon, et que l'hordéine reste stationnaire, à cause de l'incorruptibilité de la résine qui remplit et distend ses cellules internes, et de l'inaltérabilité de la couche externe, dont les cellules ne contiennent rien qui soit capable de fermenter.

160. Ces résultats paraissent si simples aujourd'hui qu'on sera tenté de penser qu'ils n'eussent pas échappé aux meuniers, aux boulangers et à tous ceux qui ont l'habitude d'observer ou de manipuler les farines. Qu'on relise, ce mémoire à la main, les travaux qui ont eu pour objet la panification, on croira lire la réfutation du travail si étendu de Proust. « La farine d'orge, dit Parmentier (1), est presque toujours défectueuse, à cause du *son*, dont le tissu rude et coupant la rend rude au toucher ; la pâte qui en résulte est cassante et plus courte que celle du seigle, d'où il est aisé de

---

(1) *Parfait Boulanger*, p. 566.

conclure qu'elle ne peut fournir un pain bien levé. Pour tirer le meilleur parti de l'orge, il faut éloigner d'abord la meule courante, afin de concasser seulement le grain, et séparer tout le son ; l'orge ainsi mondé, demande à être converti en farine comme les gruaux. On en obtient plusieurs farines qui, mélangées ou employées à part, sont toutes de nature à durcir, étant combinées avec l'eau et mises en boulettes. »

« La meilleure farine, dit Mathiole (1), est celle qui n'est trop bien moulue, et qui a été un peu gardée, et qui jette et rend un son gros ; car une farine trop moulue fait du pain comme s'il était du son. »

162. Il ne faudrait pas s'attendre à obtenir, dans toutes les expériences, 55 sur 100 d'hordéine, comme Proust l'indique dans son travail. Ce nombre variera considérablement selon les procédés employés et le temps que durera l'expérience. Plus on lavera, plus les pellicules de la couche externe du péricarpe (fig. 4 *a*), les tégumens d'amidon et les fragmens du gluten monteront et resteront en suspension, en sorte qu'à force de lavages, sur 14 gros de farine d'orge, j'ai fini par ne plus obtenir que 1 gros d'hordéine ; et comme j'avais soin d'examiner au microscope les eaux de lavage, toutes les fois que je décantais, il devenait évident à mes yeux, que j'enlevais à chaque fois des fragmens nombreux des organes les plus légers de ce mélange en précipitation.

163. Et c'est ici l'occasion de faire remarquer combien l'on se trompe quand, à l'aide des analyses en grand des farines, on assure avoir obtenu des quantités précises, susceptibles d'être exprimées par des fractions et même des unités. Le *son*, comme on vient de le voir, passe en assez grande quantité avec l'amidon, le gluten se réunit aussi à cette substance, surtout quand il n'est pas élastique ; l'amidon, à son tour, reste emprisonné en quantité notable dans la substance du gluten ; il faut en dire autant du sucre, de l'huile, de la résine et des fragmens de l'embryon ; en sorte que tel auteur indique une quantité d'huile, tel autre ne mentionne pas même cette substance, et qu'en un mot une analyse en grand est un véritable chaos, une simple approximation inutile à la phy-

---

(1) *Sur Dioscor.*, trad. de Pinet, Lyon, 1655, p. 186.

siologie, et dont les résultats peuvent tout au plus servir les manufactures et les arts.

164. Dans tout ce que j'ai exposé, je n'ai prétendu parler que de l'hordéine de Proust; car M. Thénard (1) a évidemment confondu deux substances distinctes : les lies des vins qui sont des pellicules provenant d'une végétation cryptogamique, et l'hordéine de Proust, que je viens de prouver n'être que du son très-divisé.

165. *Organes analogues aux grains de fécule. — Fécule verte.* — Après cette digression sur l'analyse de la graine des céréales, je reprends l'histoire de l'analogie qu'ont avec la fécule les organes végétaux ou animaux; et je commence par la fécule verte.

Ayant broyé, dans un mortier en verre, des cotylédons d'*Acer platanoïdes* en germination, à l'époque où la plumule ne se compose encore que de deux feuilles, j'obtins une fécule verte qui se précipita au fond du verre, en laissant incolore le liquide qui la surmontait; examinée au microscope, elle n'offrait que des vésicules ovales de formes diverses, variant à l'infini autour de 1/20 de long sur 1/40 de large, les unes vides et blanches et ne se dessinant que par des contours linéaires, les autres pleines de globules verts, et d'autres enfin ne possédant que quelques-uns de ces globules. L'alcool enlevait la matière verte que renferment ces globules dont on ne voyait plus alors que les parois vésiculaires. Du reste, ces globules étaient intimement attachés à la paroi intérieure de la grande vésicule, ainsi qu'on pouvait s'en convaincre en imprimant un mouvement de rotation à ces grandes vésicules.

166. Il est évident que ces vésicules jouent, dans les cotylédons de l'érable, le même rôle que la fécule dans les périspermes des autres végétaux, qu'elles sacrifient leur matière verte au profit de la plumule, comme les tégumens sacrifient leur gomme au profit du même organe dans les graines farineuses. Les cellules blanches sont celles qui se sont épuisées à cet effet; celles qui renferment encore des globules verts, sont celles qui ne se sont pas encore entièrement dépouillées.

167. La matière verte par elle-même n'est donc qu'une résine

---

(1) *Traité de chimie*. éd. 1824, t. IV, p. 230, 304 et 315.

amorphe soluble dans l'alcool, l'éther, les acides minéraux surtout, et susceptibles de colorer l'eau en restant en suspension à la faveur des globules qui la recèlent. Cette matière verte a la propriété de passer par toutes les nuances du prisme, et c'est elle qui devient jaune et solide dans le péricarpe du blé parvenu à la maturité. Cette matière verte est identique par ses propriétés chimiques avec celle qu'on trouve dans la plupart des organes animaux, dans la vésicule du fiel par exemple. Le passage insensible de la couleur verte à toutes les autres couleurs, sous l'influence de l'oxigène, ne serait-il pas identique avec le phénomène qu'on observe en composant le caméléon minéral ? Car les feuilles et tous les organes verts renferment du manganèse et de la potasse.

168. Ces cellules remplies de globules verts s'obtiennent encore isolément par le déchirement des feuilles des plantes grasses telles que le *Sedum sempervivum*, et ce sont elles que l'on voit représentées sur la planche 10, tom. II, fig. 20, dans toutes les phases de leur élaboration.

169. On avait beaucoup disputé pour savoir si les cellules végétales jouissent chacune d'une paroi propre; on avait employé pour le prouver, tantôt l'eau bouillante, tantôt l'acide nitrique. Mais on aurait pu objecter, avec juste raison, que l'isolement de ces cellules n'était alors qu'apparent, et que l'eau bouillante et l'acide nitrique n'avaient fait qu'user et que corroder les lambeaux d'une cellule contiguë à celle qu'on parvenait de cette manière à isoler. Le simple déchirement d'une feuille grasse, comme on le voit, suffit pour établir le fait d'une manière péremptoire.

170. Lorsque les globules limites qui renferment la matière verte, ne sacrifient pas leur contenu à la nutrition de la plumule, ils le sacrifient à leur propre accroissement; et alors on les rencontre avec des diamètres de plus en plus gros, si on a soin de les observer jour par jour dans le même organe.

171. *Organes polliniques.* — *Pollen des feuilles.* — *Lupuline.* —La direction nouvelle que tous ces résultats imprimaient à mes recherches m'amena à étudier la substance granulée et jaunâtre que l'on trouve sur les cônes femelles du houblon, et que M. Yves de New-Yorck avait désignées sous le nom de *Lupuline* (1). Il ne

---

1. *Journal de pharmacie*. t. VIII, p. 409, etc.

me fallut pas un long examen pour m'assurer que cette prétendue substance immédiate ne se compose que d'organes vésiculaires, variant autour de 1/8 de millimètre, et de la forme générale
que représente la fig. 6 de la planche 12. Chacun de ces grains est,
après la dessiccation, d'un beau jaune d'or, assez diaphane, aplati,
offrant sur un point quelconque l'empreinte de ce point d'attache
par lequel il tenait à l'épiderme de la feuille et que je désigne ordinairement sous le nom de *Hile*. Lorsqu'on examine ces grains
sur les bractées fraîches du cône femelle du houblon, on les
trouve plus arrondis ; et leur *Hile* est plus allongé en petit pédoncule.

172. Ces grains recouvrent non-seulement la surface externe
des bractées du cône femelle, mais encore la page inférieure des
jeunes feuilles du houblon, dont ils se détachent à mesure que la
feuille grandit ; en sorte que si l'industrie trouvait quelque avan-
tage à se servir exclusivement de ces granulations résineuses, pour
la confection de la bière, comme on l'a proposé, les jeunes
pousses du houblon ne seraient pas moins profitables que les
cônes eux-mêmes.

173. Ces diverses circonstances me démontrèrent que ces granulations, que M. Yves érigeait en substance immédiate, corres-
pondaient aux *glandes vésiculaires* que Guettard avait déjà décrites sur le houblon (1). Il me restait à découvrir lequel des deux
auteurs avait le mieux défini la nature de ces granulations rési-
noïdes.

174. Je plaçai deux ou trois grains de *Lupuline* dans la cavité
de la lame inférieure de verre (§ 40) ; et après avoir fermé à moitié cette cavité, en faisant glisser la lame supérieure, je versai de
l'éther sulfurique, et j'achevai de faire glisser subitement la lame
supérieure pour empêcher l'air de s'introduire dans la cavité. L'é-
ther se colora en jaune d'or, et les grains de lupuline devinrent
plus transparens. Bientôt ils ne retinrent plus qu'une teinte jaunâtre, et ils s'offrirent comme des vésicules aplaties et traversées
par quatre plis en croix.

175. Je fis digérer une plus grande quantité de *Lupuline* dans
un tube plein d'éther ; je filtrai. L'éther, par évaporation sponta-

---

(1) *Obs. sur les plantes*. t. II. p. 22.

née, a abandonné au fond du vase, une substance jaunâtre que redissolvait l'alcool, et, sur les parois du vase, des gouttelettes d'huile essentielle, qui jaunes d'abord, se métamorphosèrent le lendemain en gouttelettes vertes sur les bords et incolores dans le centre.

176. Je fis digérer de la *Lupuline* dans un tube plein d'alcool ; ce menstrue se colora de la même manière que l'éther ; mais le séjour le plus prolongé de cette substance dans une suffisante quantité d'alcool ne parvint pas à la dépouiller de toute la matière jaune qui remplit les cellules de la *Lupuline*; ses grains semblaient se dédoubler et se présentaient toujours comme une grande vésicule vide à l'intérieur, et infiltrée de matière jaunâtre dans les cellules qui se dessinaient sur les parois. On voit une de ces cellules, fig. 7.

177. L'ammoniaque m'offrit des phénomènes plus dignes de remarque. Ce menstrue se colora en jaune rougeâtre par le séjour de la *Lupuline*; l'acide sulfurique changea sa coloration en jaune de cire. D'un autre côté l'ammoniaque laissa déposer, par évaporation, une substance qui, après une entière dessiccation, refusait de se dissoudre dans l'alcool et dans l'éther, et qui se comportait comme la cire. La *Lupuline* observée dans cet état, au microscope, m'offrit, 1° de grandes vésicules dont les parois étaient tissues de grandes cellules incolores, séparées les unes des autres par des cellules plus petites sous forme de globules verts (fig. 1); on remarquait sur ces grandes vésicules un petit *Hile* qui correspondait au *Hile* (fig. 6); 2° de gros grains jaunes qui ne paraissaient pas avoir été attaqués; 3° des vésicules jaunes à un point quelconque desquelles était attaché un long boyau blanc, plus ou moins sinueux (fig. 3), ou bien une grande vésicule légèrement jaunâtre (fig. 4), ou bien enfin une vésicule blanche offrant un réticulation cellulaire (fig. 5).

178. On aurait pu penser que la grande vésicule verdâtre (fig. 1), était sortie du sein des grains de Lupuline. Mais en la coupant avec une pointe, je la trouvai trop rigide pour qu'elle pût s'adapter à l'ouverture par laquelle on aurait supposé qu'elle était sortie. On voyait même très-souvent sur le porte-objet, des moitiés de cette grande vésicule (fig. 2), qui, bien loin de s'aplatir, tournaient dans le liquide, en conservant la forme d'une calotte. Or une vésicule élastique ne se serait pas prêtée à un pareil déchirement.

179. Je cherchai à voir toutes ces circonstances se passer sous

mes yeux au microscope, et à assister à la première action de l'ammoniaque sur ces granulations. A peine avais-je déposé quelques grains de cette substance dans ce menstrue, que je remarquai avec surprise un boyau qui sortait par le *Hile*, comme par une filière, et qui, en se tortillant sur lui-même, faisait pirouetter la granulation. Celle-ci permettait de voir à travers ses parois, que ce boyau était pris aux dépens de ses cellules internes, qui étaient toutes expulsées en dehors; et l'on s'apercevait enfin que l'espèce d'empâtement qui fixait ce tissu cellulaire aux parois internes de la vésicule, s'en détachait comme une ventouse d'animal se détache de la substance sur laquelle elle était auparavant appliquée. Ce boyau tantôt incolore, tantôt un peu jaunâtre, possédait dans son intérieur quelques globules distans les uns des autres. Je me convainquis en même temps que la vésicule verdâtre (fig. 1), n'était autre que l'épiderme de la Lupuline (fig. 6); car à l'aide d'une petite pointe, je l'enlevai en entier. Une fois enlevée, elle reprenait sa forme sphérique, par le rapprochement des bords de la solution de continuité; de la même manière que se comporte, après le déchirement, le test des œufs de certains polypes.

180. Après un séjour de trois semaines dans l'ammoniaque, les cellules du centre ne furent pas plus attaquées; seulement les globules verts se dépouillèrent de leur substance colorante, et le grain de Lupuline s'offrit alors comme le grain de fécule vidé sous l'influence de la germination (planche 10, fig. 18), c'est-à-dire, sous la forme d'une vésicule presque incolore, dans le sein de laquelle était un paquet de cellules agglomérées, dont l'ammoniaque n'avait pas attaqué l'intérieur (fig. 8, pl. 12).

181. Il était donc évident, 1° que la vésicule (fig. 1) était la vésicule tégument, c'est-à-dire l'épiderme du grain de *Lupuline;* 2° que l'ammoniaque n'enlevait rien au grain lui-même, qui, après cette épreuve, ne laissait pas que d'apparaître au microscope avec sa couleur et sa structure primitive; 3° enfin que la couleur jaune-rougeâtre que l'ammoniaque avait contractée ne provenait que de la cire, laquelle se trouvait exclusivement dans les grandes cellules dont la vésicule épiderme (fig. 1) est tissue; 4° que l'huile essentielle unie à la résine verte occupait l'intérieur des petites cellules ou globules verts de la même vésicule épiderme (fig. 1); 5° que la résine jaune occupait la couche de cellules immédiatement

recouvertes par la vésicule tégument ; 6° que tout l'intérieur de la Lupuline est occupé par un tissu cellulaire élastique, filant, attaquable par l'ammoniaque, analogue au tissu glutineux des céréales.

182. Ce dernier fait se représenta avec des circonstances encore plus curieuses, lorsque j'étudiai microscopiquement la *Lupuline* sur la plante elle-même. Je n'avais qu'à détacher une glande de la surface d'une bractée femelle ou d'une feuille de la plante, et la placer sur la goutte d'eau du porte-objet, pour voir sortir du *Hile* un long boyau sinueux, avec toutes les circonstances que j'avais remarquées dans l'expérience par l'ammoniaque. Cette explosion s'observe encore sur les grains de *Lupuline* desséchés spontanément et conservés dans des bocaux. Elle est seulement moins prompte que sur les grains fraîchement détachés de la plante ; il faut attendre quelques instans pour que l'eau du porte-objet ait pénétré dans l'intérieur. En hiver elle est bien plus tardive et plus lente qu'en été. Lorsqu'on a laissé séjourner des feuilles de Houblon dans l'eau, on n'a qu'à toucher un de ces grains de *Lupuline* avec une pointe un peu fine, pour voir partir avec explosion ce boyau sinueux, ou au moins un jet nuageux de granules innombrables.

183. On peut, à l'aide du même procédé, enlever la calotte épidermique (fig. 1) en entier ou par partie : et l'on observe en même temps que la surface de l'eau est couverte d'une pellicule inorganisée, qui, par l'agitation, se divise en compartimens anguleux, et qui possède les caractères de la cire. Il est facile d'admettre qu'il s'est formé, par cette macération, de l'ammoniaque, qui a d'abord dissout la cire et l'a abandonnée ensuite en s'évaporant.

184. La circonstance de l'explosion des grains de *Lupuline*, présentait une analogie trop frappante avec les effets du grain de pollen en général, pour qu'il me fût permis de négliger l'application de ces divers procédés à l'étude du pollen lui-même.

Pollen des anthères. — Je fis éclater au microscope, dans une goutte d'eau, les divers grains de pollen, entre autres ceux de tulipe (fig. 13) et de *Convolvulus arvensis* (fig. 20) ; et je m'assurai que ce qui en sortait était une véritable vésicule membraneuse imperforée et remplie de granulations apparentes. L'alcool la coagulait, l'ammoniaque la ramollissait, mais sans la dissoudre ; une pointe microscopique la déchirait en lambeaux insolubles qui abandonnaient à l'eau des myriades de granules. Quelquefois, au lieu de ce boyau membraneux élastique que j'ai figuré sur le pollen du *Con-volvulus* (fig. 28), il ne sortait qu'un nuage de granules et aucune trace de boyau; et c'est le seul cas qui ait été décrit jusque-là (1), dans les ouvrages élémentaires. Cette dernière sorte d'explosion a lieu sans doute, parce que le boyau ou plutôt le tissu cellulaire glutineux, dont le boyau n'est qu'une transformation mécanique, se déchire dans l'intérieur du grain de pollen.

En employant des agens plus énergiques que l'eau, on peut rendre le premier cas plus fréquent que le second, et se ménager une foule de moyens d'étudier le phénomène sous tous ses points de vue.

185. Si on laisse séjourner, au moyen du petit appareil décrit au § 40, des grains de pollen de tulipe (fig. 15) dans l'alcool à 38°, on obtient bientôt ces organes sous la forme que j'ai dessinée (fig. 17); l'alcool a enlevé toute la substance colorée qui rendait la surface du pollen rigide; l'épiderme se montre vide et distendu; dans le centre, on observe des cellules agglomérées et colorées en jaune rougeâtre, que l'alcool n'a point attaquées à froid (fig. 17). Le hile se montre d'une manière bien distincte à la base; et dans cet état l'organe ressemble admirablement bien à la lupuline (fig. 8) qui avait séjourné trois semaines dans l'ammoniaque.

186. Un phénomène presque contraire se présentait en faisant séjourner à froid les grains de pollen de tulipe dans l'ammoniaque; l'ammoniaque respectait ce que l'alcool avait attaqué, et attaquait ce que l'alcool avait respecté. Toute la périphérie du grain restait rigide et opaque, quoique colorée en rougeâtre; mais bientôt cette coque était déchirée par l'enflure croissante d'une vésicule remplie d'un liquide jaune de cire et très-diaphane, qui sortait en se gonflant et en rejetant derrière elle la coque rougeâtre, comme l'insecte rajeuni rejette son antique dépouille. Cette vésicule sortait quelquefois seule et parfaitement isolée, comme on le voit aux fig. 15 et 16; mais d'autres fois on en voyait sortir plusieurs à la fois du sein de la même coque, aux parois internes de laquelle elles restaient adhérentes par

---

(1) Depuis lors, la première sorte d'explosion a été reproduite de diverses manières, et même par des plagiats couronnés, dans des travaux qui ont eu le pollen pour objet.

un point de leur surface. La figure 14 en représente trois, dont une qui était plus blanchâtre que les deux autres aurait semblé partir de l'autre, si la différence de sa coloration n'avait pas indiqué suffisamment qu'elle n'avait aucune communication avec cette dernière, et qu'elle venait s'insérer sur la paroi interne de la coque par un pédoncule très-long qui passait au-dessus de la vésicule jaune.

187. J'écrasai, avec une pointe, ces grandes vésicules ; elles se vidèrent, et, en étendant d'eau le liquide, leurs parois se présentèrent aussi incolores que les tégumens isolés du grain de fécule.

188. En conséquence, la substance soluble seulement dans l'ammoniaque froide (*cire*) se trouvait dans les cellules *centrales* du grain de pollen de tulipe, et dans les cellules externes des glandes polliniques du houblon ; et la substance soluble dans l'alcool et l'éther froid (*résine*) se trouvait dans les cellules *internes* des glandes polliniques du houblon et dans les cellules externes du grain de pollen de tulipe.

189. L'acide hydrochlorique produit, sur le grain de pollen, le même effet que l'ammoniaque et l'eau pure. Je plaçai au porte-objet des granules de pollen de *Cucurbita leucantha* (fig. 25) sur une goutte d'acide hydrochlorique ; les grains, d'arrondis qu'ils étaient, poussèrent en général au dehors trois mamelons également distans ; mais j'eus lieu d'en remarquer un certain nombre dont un mamelon s'était allongé en boyau membraneux, renfermant à son sommet une vésicule sphérique granulée, qui paraissait avoir été entraînée avec violence dans cette espèce de cul-de-sac.

190. Cette explosion pollinique, que nous venons de remarquer sur les grains de *Lupuline* et sur ceux du pollen, ne peut être attribuée, ni à une de ces actions vitales, dans lesquelles se réfugie l'imagination, toutes les fois que l'explication paraît embarrassante (car la vitalité cesse dans l'ammoniaque et dans l'acide hydrochlorique) ; ni à la fermentation (car la fermentation est paralysée par ces deux menstrues ; elle se manifeste du reste par un dégagement de gaz, dont les bulles seraient trop reconnaissables au microscope (1) pour qu'elles pussent passer inaperçues ; enfin elle ne s'établit qu'à la longue : or, à la température de l'été, l'explosion a lieu dès qu'il y

(1) Voy. pl. 9, fig. 12 *a'*.

a contact de l'eau ou du menstrue). Mais si l'on admet que l'intérieur du grain de pollen est distendu par un tissu cellulaire glutineux, l'explication de l'explosion n'offre plus rien d'insurmontable. Les tissus glutineux sont avides d'eau, d'ammoniaque, d'acide hydrochlorique, etc. ; et, s'ils ne se dissolvent pas toujours dans ces trois menstrues, du moins ils se combinent avec eux. Or, il est évident que cette combinaison intime d'un tissu avec un menstrue doit augmenter son volume, que la chaleur produite par cette combinaison chimique doit encore ajouter à l'intensité de ce phénomène physique, qu'en conséquence le tissu glutineux dilaté ne pourra plus être contenu dans la capacité de la coque externe, et qu'il sortira par la filière du *Hile* sous forme d'un boyau plus ou moins allongé. Ce qui vient encore à l'appui de cette explication, c'est que quelques coques de pollen, dans l'explosion, se brisent en éclats, au lieu d'éjaculer un boyau ou un liquide nuageux.

Le pollen extrait de certaines plantes conserve, même après deux ou trois ans, la propriété de produire cette explosion dans l'eau.

191. L'iode colore en bleu les cellules centrales du grain de pollen ; ce qu'on observe facilement sur le pollen des graminées et sur les pollens à test mince et transparent. Mais cette coloration n'est point due à la présence de l'amidon, dont aucune expérience ne peut démontrer l'existence dans le grain de pollen (1). Le pollen partage cette propriété avec la résine de gaïac ; et ces deux circonstances achèvent de nous prouver que la coloration en bleu de la fécule par l'iode est due à une substance étrangère à la fécule.

192. Certains pollens se colorent en purpurin par l'acide sulfurique concentré ; ce qui démontre, dans leur intérieur, la présence simultanée du sucre et de l'albumine (2).

193. Quant à la disposition de la résine et de la cire dans les cellules du grain de pollen, elle est aussi variable que la forme du grain de pollen lui-même. L'analyse que j'ai présentée du pollen de la tulipe, fournit un exemple, mais n'exprime pas une loi.

194. Ce que les réactifs m'avaient appris au sujet de la structure

---

(1) **Voy.** *Ann. des sc. d'obs.*, t. III, p. 393.
(2) *Ibid.*, t. I, p. 89.

générale du grain de pollen, je cherchai à le vérifier par des dissections microscopiques ; je me servis à cet effet du pollen du *Nyctago Jalappæ* qui est d'un aussi gros calibre que celui de certaines malvacées. Les grains en sont entièrement unis et jaunes, leur consistance est ferme, et leur forme régulièrement sphérique. Je coupai un de ces grains en deux calottes au moyen d'un scalpel très-fin ; et il me fut facile de voir, en séparant les deux calottes, que leur intérieur était rempli d'un tissu extraordinairement fin, qui empêchait ces deux moitiés de se séparer spontanément ; j'en entraînai une portion sur le porte-objet ; et à un fort grossissement sa structure devint si évidente, que je ne conservai plus aucun doute à cet égard ; c'étaient de véritables cellules élastiques, ou, pour me servir d'une expression plus rapprochée des idées anciennes, c'étaient des cellules glutineuses, un véritable gluten.

195. Chacune de ces calottes examinée au microscope (fig. 19) est composée de cellules très-petites, mais dont certaines ont pris à de grandes distances les unes des autres, un développement considérable ; elles sont disposées régulièrement suivant une ligne en spirale, autour de deux cellules opposées qu'on aurait pu regarder comme les deux extrémités de l'axe. Les petites cellules sont infiltrées de résine jaune, ce qui donne beaucoup de consistance à leur tissu ; les grandes sont fort transparentes ; mais elles ne font pas saillie au-dehors, ce qui les rend invisibles quand on examine la surface extérieure des grains de ce pollen par réflexion.

196. L'étude de la structure de ce pollen d'un grand calibre, amène à expliquer la structure extérieure en apparence plus compliquée d'une foule de pollens de diverses plantes. Si chacune des grandes vésicules du test de ce pollen, au lieu de prendre un accroissement dans tous les sens de sa surface, s'était développée en dehors, l'épiderme de la coque eût été recouvert de papilles, telles qu'on en remarque sur le test des pollens de malvacées, et entre autres sur celui de l'*Hibiscus rosa sinensis* dont le diamètre varie autour de 1/7, 1/10, 1/25 de millimètre. Ayant coupé en deux calottes le test de ce dernier pollen, de la même manière que celui du *Nyctago Jalappæ*, il me fut très-facile de voir que ces papilles ne communiquaient aucunement avec l'intérieur de la coque : elles ne jouaient pas d'autre rôle que les grandes cellules du *Nyctago Ja-*

luppæ, dont elles ne se distinguaient que par leur allongement à l'extérieur.

197. Si l'on suppose maintenant qu'au lieu de toutes ces cellules développées en spirale, trois seulement se développent à distances égales, on aura dans ce cas le pollen des *Oenothera*, des *Lythrum*, des *Lopezia*, des *Stachytarpheta* et de la *Scabiosa caucasica*, qui offrent une forme trigone, pourvu qu'on les observe par réfraction. Car par réflexion, les trois cellules saillantes disparaissent, en se confondant avec le noir du fond sur lequel le pollen est observé.

198. Que les cellules résinifères du test soient recouvertes immédiatement par un épiderme, c'est ce que démontrent non-seulement toutes les réactions que nous avons étudiées sur la *Lupuline* et le grain de pollen, mais encore l'inspection du pollen à l'état le plus jeune. A cet âge les grains de pollen du *Muscari* offrent leur épiderme très-distant du test résineux qui en occupe le centre, et qui en se développant de plus en plus vient s'agglutiner tellement à l'épiderme qu'on ne peut plus l'en distinguer, qu'en soumettant le pollen à l'influence des réactifs.

199. J'ai dit plus haut que l'éjaculation du grain de pollen s'opérait à travers le *Hile*, c'est-à-dire au travers de l'ancien point d'adhérence du grain de pollen contre les parois intérieures de la cellule glutineuse qui remplit la cavité de l'anthère et dont je parlerai plus en détail dans son lieu. Cependant on a décrit sur d'autres pollens, une suture longitudinale bordée de *sphincters* pour la faire ouvrir et fermer, etc. ; les pollens, quant à leur structure essentielle, ne seraient donc pas identiques? Les pollens sont tous identiques sous ce rapport ; mais les illusions que leurs formes variées peuvent faire naître, ne le sont pas, et ces sutures et ces *sphincters* ne sont que des illusions d'optique. Que l'on suppose en effet un grain de pollen organisé intérieurement comme ceux que je viens de décrire, mais dont le test ne soit point infiltré de substances résineuses ; si l'on observe cet organe par transmission de la lumière, on devra nécessairement apercevoir les cellules internes dont les points d'adhérence mutuelle se dessineront en noir à travers la membrane externe, qui alors paraîtra divisée en autant de sutures qu'il y aura d'interstices de cellules internes. Si, au lieu de plusieurs grandes cellules internes, il ne s'en est formé que deux qui occupent toute la capacité du test épidermoïde, il est évident que toutes

les fois que le point de contact de ces deux grandes cellules ne présentera à l'œil de l'observateur que son tranchant, le grain de pollen paraîtra coupé longitudinalement par une ligne noire; mais lorsque le grain de pollen, cédant au mouvement de l'eau du porte-objet, présentera sur un plan plus ou moins incliné les surfaces de contact des deux grandes cellules de son intérieur, la prétendue suture paraîtra alors avoir éloigné ses deux bords, et avoir mis ainsi à découvert une ouverture longitudinale; enfin, en dérangeant successivement la position du grain de pollen, on pourra voir paraître et disparaître ou se modifier la première et la seconde forme, de manière qu'il soit impossible d'élever le moindre doute sur la cause d'une semblable illusion.

Or ces observations sont faciles à être vérifiées avec le plus grand succès sur les grains de pollen jeunes, ainsi que sur les grains de pollen vidés de graminées (fig. 20), de monocotylédones en général, et d'un nombre considérable de dicotylédones à test transparent, membraneux et non infiltré de résine.

200. Pour avoir un point de comparaison assez pittoresque, qu'on examine les articulations des conferves, c'est-à-dire, les deux points par lesquels la calotte supérieure d'un tube interne adhère intimement avec la calotte inférieure du tube suivant, et l'on reconnaîtra que ce point d'adhérence présente, suivant la position et le jour, les deux formes que je viens de décrire; et en conséquence que de même que l'on ne serait jamais porté à admettre une suture et un *sphincter* sur ce point de contact des deux tubes d'une conferve, de même on doit se garder d'admettre l'existence de semblables appareils sur le grain de pollen jeune ou vidé.

201. L'existence de deux grandes cellules parallèles et internes du grain de pollen, devient évidente dans le pollen des conifères, ainsi qu'on peut le voir sur les fig. 27 et 28 qui représentent le pollen du *Pinus sylvestris*. Outre les deux grandes cellules internes qu'on aperçoit dans l'intérieur de ce pollen, on voit aussi que chacune des faces antérieure et postérieure offre deux grandes vésicules aplaties qui, par leur position, croisent les deux grandes cellules internes. Ce pollen a 1/10 sur 1/20 de millimètre.

202. Le passage de toutes ces formes qui ont fait naître tant d'illusions microscopiques au sujet des prétendus *sphincters*, se présente sur les différens grains de pollen de *Zamia* (fig. 19, 22, 23,

24, 25), avec des nuances si bien ménagées, que l'on n'aurait pas besoin de recourir à d'autres plantes, pour soumettre à l'observation la théorie dont j'ai plus haut exposé les élémens. Cette prétendue suture y prend toutes sortes de formes et déborde quelquefois l'épiderme qu'elle repousse devant elle.

203. Je crois pouvoir me dispenser ici de réfuter l'opinion qui avait assimilé les granulations qui sortent pendant l'explosion des grains de pollen, aux animalcules spermatiques des animaux, et qui leur avait même attribué des mouvemens spontanés. Je renvoie mes lecteurs aux *Annales des sciences d'observation*, t. I, pag. 230 et tom. III, pag. 92, où cette question a été traitée avec une importance que doit rendre excusable le caractère des juges académiques qui s'étaient occupés, d'une manière si sérieuse, de cette singulière conception. J'ajouterai seulement que le grain de pollen, outre les granulations glutineuses qu'il lance dans son explosion, cède souvent encore à l'eau des gouttelettes d'huile essentielle plus ou moins mélangée de résine, qui, par l'évaporation de leur substance, sont susceptibles de décrire des mouvemens vagues et indéterminés. Ces gouttelettes recouvrent la surface de certains pollens et manquent absolument sur d'autres.

204. Par tout ce que nous avons dit, il est aisé de prévoir que sous le rapport des proportions, l'analyse des pollens variera à l'infini selon les diverses plantes; que les uns fourniront plus de résine, ou d'huile, ou de sucre que les autres; que le gluten semblera plus abondant (parce qu'il sera plus élastique) et plus azoté (parce qu'il renfermera plus de sels ammoniacaux § 123) plus ou moins combiné avec les sels terreux et le posphate de chaux, par exemple, chez ceux-ci que chez ceux-là; enfin qu'à elle seule l'analyse en grand de ces sortes d'organes, ne pourra jamais jeter le moindre jour sur le mystère de la génération, enfin que la substance active du pollen peut exister indépendamment de la variété des produits et des formes (1).

205. Nous avons vu que les *glandes résiculaires* des feuilles du

---

(1) **Voy.** *Annales des sciences d'observation*, t. III, p. 366, où nous avons fait l'application de ces idées à une analyse du Pollen du *Typha*, publiée par M. Braconnot.

houblon possèdent la structure, les substances et les propriétés des grains de pollen ; que placées dans l'eau elles produisent une explosion comme ce dernier organe. Ces glandes paraissent donc destinées à jouer dans le végétal un rôle analogue au pollen ; et il me paraît plus que probable que cette analogie piquante explique les expériences de Spallanzani (1) sur la fécondation du chanvre et de l'épinard, sans le secours du pollen des anthères ; car les *glandes vésiculaires*, qui sont des organes polliniques, se retrouvent sur la page inférieure des feuilles du *Cannabis sativa*, et en très-grand nombre sur le périanthe de sa fleur femelle, avec des formes (fig. 13 et 14) qui ne diffèrent que par quelques nuances, des formes des glandes du houblon. Sur la mercuriale, ces glandes s'éloignent de la structure des glandes de ces deux espèces ; mais rien ne s'oppose à admettre que ces différences ne portent que sur des substances étrangères à la faculté fécondante. Par conséquent, il est vraisemblable que ces glandes ont fait l'office de l'organe mâle dans les expériences de Spallanzani, qu'elles ont donné le change à ce grand observateur, et que tous les cas de fécondation sans pollen dont il a parlé, au lieu de former tout autant d'objections contre la nécessité du concours des deux sexes dans l'acte de la fécondation, ne doivent plus être considérés que comme des cas particuliers de cette loi générale.

206. En résumé, nous venons de voir que les organes que j'appelle polliniques, soit des anthères, soit des feuilles, se composent, 1° d'une vésicule externe, tenant par un *Hile* à la membrane sur laquelle ils ont pris naissance, vésicule que l'on peut comparer au tégument des organes féculens ; 2° d'un tissu cellulaire interne formé d'emboîtemens plus ou moins nombreux, infiltrés de résine, de cire, d'huile essentielle, et dont une portion conserve les caractères du gluten, tandis que le tissu cellulaire glutineux renfermé dans le tégument féculent n'est infiltré que d'une substance gommeuse mélangée avec une substance colorable en bleu par l'iode (*amidon*), ou privée de cette substance colorable (*inuline*). Nous entrerons dans des détails plus nombreux sur les formes variées des

---

(1) *Expér. pour servir à l'hist. de la génér. des anim. et des pl.*, trad. de Sénebier, p. 341.

glandes polliniques, lorsque nous serons arrivés à l'application immédiate de ces recherches chimiques à la théorie physiologique.

207. *Glandes adipeuses, graisses et tissus adipeux. Analogie de leur organisation.* — Qu'on prenne une graisse ferme et qui n'ait pas encore été soumise à l'influence d'une température élevée ou à l'action du mortier. Les graisses de mouton, de veau et de bœuf se prêtent très-bien à la manipulation que je vais décrire. La graisse de porc ne peut être manipulée que par une température de —5 degrés au moins. Qu'on déchire ensuite, sans l'écraser, une masse de graisse sous un petit filet d'eau, après avoir eu soin de placer, sous le filet d'eau, un tamis en crin dont les mailles ne soient pas très-fines. À chaque tiraillement du tissu, l'eau qui tombe sur la masse adipeuse détache des myriades de granules pour ainsi dire amylacés, et quelquefois des fragmens de tissu cellulaire assez considérables; les fragmens restent sur le tamis, et les granules passent à travers les mailles, tombent jusqu'au fond d'une terrine pleine d'eau qui les reçoit, remontent ensuite à la surface du liquide, où ils se rassemblent sous forme d'une poudre cristalline et blanche comme la neige.

Lorsque cette malaxation est achevée, c'est-à-dire, lorsque l'eau qui découle des mains du manipulateur ne passe plus laiteuse, le tissu adipeux est réduit à l'aspect et à la consistance de tous les tissus membraneux des animaux. On n'a plus alors qu'à enlever avec une écumoire la couche de granules qui se tiennent en suspension à la surface de l'eau de la terrine, et à les laisser égoutter sur un filtre soit en toile soit en papier. On obtient ainsi une poudre amylacée, mais plus douce au toucher que l'amidon, et qui ne réfléchit pas la lumière d'une manière aussi cristalline que les dépôts amylacés. (1)

208. Ces granules adipeux qui se tenaient en suspension à la surface de l'eau, se précipitent au contraire dans l'alcool froid, et ne m'ont pas paru, après quinze jours de dépôt dans ce menstrue,

---

(1) Ce procédé me paraît infiniment préférable à celui que M. Chevreul a indiqué dans ses *Recherches chimiques sur les corps gras de nature animale*, 1823, p. 197, n° 597. Pour obtenir la graisse au plus grand état de pureté, M. Chevreul fait fondre les graisses et filtre ensuite pour en séparer les matières étrangères.

avoir subi aucune altération appréciable ; ils se comportent à peu près dans l'alcool comme la fécule intègre dans l'eau froide : elle s'y conserve intègre indéfiniment.

209. Observés au microscope, ces granules (pl. 13, fig. 1, 2, 3, 4) présentent des formes et des dimensions variables, non-seulement selon les divers animaux, mais encore dans le même animal et même selon l'âge des animaux ; toutes circonstances que nous avons eu lieu de remarquer à l'égard des grains de fécule. (§ 5)

210. Les granules adipeux du mouton, du veau et du bœuf se présentent au microscope, avec un si grand nombre de facettes parfaitement bien dessinées, qu'on serait tenté de les prendre pour les cristallisations les plus régulières.

211. Par réfraction, les facettes du pourtour paraissent noirâtres, et celles du champ jaunâtres (pl. 13, fig. 3 et 4).

212. Par réflexion (1), chacun de ces granules est d'un blanc cristallin, et ils réfléchissent la lumière comme le feraient de beaux cristaux de quartz (fig. 2, 8).

213. Leurs formes et leur diamètre varient à l'infini, cependant entre des limites bien plus rapprochées que celles que nous avons observées à l'égard des grains de fécule.

214. Les granules de la graisse de porc (pl. 13, fig. 1, 6) s'éloignent des formes et de l'aspect cristallin des granules des trois animaux précédens, et se rapprochent d'une manière frappante des globules de fécule. Ils sont arrondis sans être sphériques, oblongs et réniformes, possédant un *hile* bien plus visible et plus considé-

---

(1) Les opticiens ne manquent jamais d'ajouter à leurs microscopes des loupes, des miroirs réflecteurs ou des prismes, pour éclairer les corps qu'on veut observer sur un fond opaque. Je me suis convaincu, par ma propre expérience, que tous ces instrumens ne donnaient qu'une lumière vague ou tronquée. Au microscope simple comme au microscope composé, on n'a qu'à faire usage de la lumière directe des nuages, en plaçant son instrument en face d'un beau ciel ; on parvient presque toujours à distinguer nettement les corps opaques qu'on ne voit avec une lumière réfléchie que dans une espèce de vague nuageux. Au microscope achromatique, on ne laisse qu'un objectif, on tire tous les tubes, et l'on obtient ainsi un grossissement de 80 à 100, avec un foyer de près d'un pouce. La lumière arrive alors sur l'objet, comme si on observait à la loupe simple d'un pouce de foyer.

rable que celui que j'ai découvert sur tous les globules végétaux qu'on avait crus jusqu'à ce jour isolés. Par réflexion ils sont blancs comme la neige ; par réfraction ils sont jaunâtres, plus colorés en noir sur les bords que les autres globules adipeux, et laissant manifestement entrevoir dans leur sein des globules plus petits, analogues à ceux que j'ai découverts dans le grain de fécule qui se vide sous l'influence de la germination ; leur diamètre dépasse de beaucoup celui des plus gros granules adipeux du mouton et du bœuf. Pour les obtenir isolés, il faut laisser pendant une heure une masse de graisse de porc exposée à un froid de —5°, et malaxer en déchirant le tissu dans une eau à + 2° ou 3° environ.

215. Chez les insectes, les granules adipeux sont en général turbinés à cause du *hile* considérable par lequel ils tiennent à la membrane de la cellule dans laquelle ils ont pris naissance. Leur tégument est plus ferme que dans les granules de la graisse de veau ; mais leur contenu est fluide et à l'état d'huile.

216. La graisse humaine, plus fluide que celle du porc, offre plus de difficultés sous le rapport de l'étude de ses globules. Par la malaxation à la température ordinaire, il serait impossible d'obtenir autre chose qu'un *magma* désorganisé. Le hasard m'offrit une occasion favorable d'en observer les formes et les diamètres. J'avais laissé tomber de la graisse humaine dans l'acide nitrique ; j'en plaçai quelques grumeaux sur le porte-objet, et je retrouvai sous mes yeux l'effet que j'avais vainement tâché de produire par des moyens plus compliqués. La graisse humaine saponifiée par l'acide s'était figée, et avait déterminé par là le retrait des parois des cellules qui la recèlent. C'est ainsi qu'au lieu d'un *magma* informe, la graisse humaine m'offrit ses cellules-limites isolées sous forme de cristaux à facettes, dont il m'était dès-lors facile de déterminer la figure générale et les dimensions les plus ordinaires.

217. Je produisis le même effet par la saponification au moyen de la potasse, en laissant séjourner à froid, et pendant quelques jours, la graisse humaine dans cet alcali caustique.

218. L'effet de ces deux réactifs doit varier, comme on peut le présumer, selon la température et les quantités relatives des substances employées ; l'excès du réactif ou de la chaleur serait capable de carboniser la graisse ou au moins d'en altérer le tissu cellulaire.

219. Je commençai par examiner, à l'aide de ces procédés, la

graisse prise sur le sein, sur la poitrine, la cuisse, le pubis, le mésentère d'une femme morte en couche à l'âge de 30 ans. J'obtins, en déchirant le tissu macéré pendant 4 heures dans l'acide nitrique, les formes des fig. 7, 8, pl. 13. La fig. 7 représente les granules observés par réfraction ; les bords des granules y paraissent un peu frangés par l'action corrosive de l'acide nitrique ; ces franges disparaissent en observant par réflexion (fig. 8).

220. En laissant séjourner dans l'eau froide le tissu adipeux, je parvins encore à observer sur de petits fragmens l'organisation de son tissu. Il est vrai que, dans ce cas, les cellules, au lieu d'être polygonales, étaient arrondies et globuleuses ; qu'au lieu d'être obscures, comme dans le cas de la saponification, elles conservaient toute la limpidité de l'huile ; et qu'enfin on aurait pu m'objecter que je voyais là, non des cellules, mais des gouttelettes d'huile qui se seraient agglomérées après avoir été exprimées des tissus qui la renfermaient ; mais, à l'aide d'une pointe, je m'assurai qu'elles étaient emprisonnées chacune dans sa vésicule propre, ainsi qu'on peut s'en faire une idée par la figure 9 qui appartient à la graisse prise sur le pli du coude d'un enfant mort à l'âge de 8 ans.

221. Enfin je finis par rencontrer des cas où, en coupant avec des ciseaux les bords un peu desséchés spontanément d'un flocon de graisse humaine, et surtout là où aucun déchirement n'avait entamé et frangé le tissu, j'obtenais l'image du tissu cellulaire le plus régulier et le plus analogue au tissu cellulaire qu'on observe avec tant de facilité dans les végétaux. La figure 10 représente au grossissement de 100 diamètres, le bord d'un flocon de graisse appartenant à une femme morte en couche à l'âge de 30 ans. On voit les cellules (*a*) distendues sur les bords du flocon, et les cellules (*b*) affaissées après avoir été vidées par suite de leur solution de continuité.

222. Après ce que j'ai exposé (§ 120) sur la manière dont les tissus cellulaires s'offrent au microscope, on concevra sans peine que le réseau qu'on observe sur le flocon de graisse humaine (fig. 10) n'est formé que par la juxta-position des cellules-limites de la graisse, et en définitive n'est autre chose que l'ensemble des interstices que les cellules laissent entre elles. Les granules des graisses fermes, telles que celles de veau et de mouton, lorsqu'ils sont appliqués les uns contre les autres (fig. 5), offrent les mêmes réticulations.

et il suffit de les désagréger, pour voir s'évanouir toutes les anastomoses de ce réseau, et pour se convaincre que chaque ligne d'un des polygones n'était qu'un interstice de deux faces accolées.

223. J'ai pris soin de mesurer les extrêmes de tous ces divers granules, je vais mettre en tableau les résultats que j'ai obtenus. Les nombres expriment des fractions de millimètre.

PORC.	BOEUF.	VEAU.	MOUTON.	HOMME.	ENFANT.	HANNETON.
Réniformes.	Polyèdres très fermes, oblongs ou inscrits dans un cercle.	Idem.	Idem.	Polyèdres mous et non susceptibles de s'isoler.	Idem.	Turbinés et mous.
1/3 sur 1/4	1/6 sur 1/10	1/8 sur 1/10	1/7 sur 1/15	1/25	1/50	1/20
1/2 sur 1/3	1/4 sur 1/7	1/7 sur 1/14	1/4 sur 1/7	1/14	1/38	
	1/5	1/10	1/10	1/7	1/20	
			1/7			

224. Ce tableau prouve évidemment que les granules de graisse de l'animal jeune affectent des diamètres inférieurs aux granules de la graisse de l'adulte, et que par conséquent ces granules ont grandi avec l'animal lui-même.

225. Quoique l'analogie indiquât d'avance que chacun de ces granules isolés est une cellule, composée au moins d'un tégument et d'une substance quelconque y incluse, cependant il était nécessaire de le vérifier par l'expérience directe. Je plaçai au porte-objet un verre de montre rempli d'alcool dans lequel j'avais déposé d'abord des filamens de coton et ensuite des granules de graisse de mouton. J'enveloppai les objectifs d'un dé en verre très-mince qui s'appliquait exactement par sa partie concave contre la lentille; je plongeai les objectifs dans l'alcool même. De cette manière les vapeurs alcooliques ne pouvaient plus, en se condensant contre la surface externe de l'objectif, nuire à la netteté de la vision; et, d'un autre côté, le dé en verre s'opposait à ce que l'alcool en s'insinuant à travers les jointures des lentilles et de la monture, ne vînt se condenser dans l'intérieur même des tubes. Je remplaçai ensuite le miroir réflecteur par une lampe à esprit-de-vin suffisamment éloignée, dont la lumière devait échauffer et en même temps éclairer l'objet. C'est avec cet appareil également applicable aux microscopes composés ou aux microscopes simples de Deleuil, que je suis parvenu à étudier toute l'histoire d'un granule de graisse.

Car il arrive un instant où un de ces granules s'embarrasse et se fixe dans les fibrilles de coton qu'on a eu soin de placer dans le verre de montre ; et dans cette circonstance favorable voici ce qu'on observe : Tant que l'alcool n'entre pas en ébullition, le granule semble rester stationnaire ; mais dès que l'ébullition se manifeste, on le voit se distendre, devenir transparent ; on distingue dans son sein des globules internes ; bientôt il se déchire en deux ou trois fragmens qui s'agitent au gré du liquide, mais ne subissent pas la moindre altération pendant tout le cours de l'expérience. On voit passer sous ses **yeux**, avec toute la rapidité de l'ébullition, une foule de débris semblables à celui qu'on observe, et qui ne s'altèrent pas plus que lui. Si maintenant on remplace la lampe par le miroir réflecteur, et qu'on laisse refroidir l'appareil, on observera que le précipité ne sera composé que de ces fragmens de membranes qu'on aura vus se rouler sous ses **yeux** pendant l'ébullition, et qui sont évidemment identiques avec les fragmens du granule qu'on n'a pas perdu de vue pendant toute la durée de l'ébullition.

226. Chaque granule de graisse se compose donc, ainsi que le grain de fécule (§ 11), d'un tégument vésiculeux et insoluble dans l'alcool froid et bouillant, et d'une substance incluse qui reste soluble dans l'alcool bouillant ou refroidi, et même d'un tissu cellulaire interne peu appréciable à nos moyens d'observation.

227. Cependant si les granules de graisse étaient en excès par rapport à l'alcool, il arriverait que, par le refroidissement, l'excès se précipiterait, et ce précipité produirait des flocons globulaires qui simuleraient à l'œil un tégument. Il faudrait alors recommencer à faire bouillir ce précipité dans un excès d'alcool, et l'on verrait ainsi disparaître pour toujours ces tégumens illusoires.

228. Un effet analogue a lieu, lorsqu'on a laissé séjourner les granules de graisse dans l'alcool froid. L'alcool froid dissout toujours une faible quantité de la substance incluse (soluble) ; et comme il s'évapore sans cesse une portion d'alcool même à travers les bouchons les mieux fermés, il s'opère par conséquent un précipité proportionnel. Ce précipité a lieu sous forme de globules qui se déposent sur la surface de chaque granule et lui impriment l'aspect que j'ai représenté (fig. 3).

229. Une fois l'analogie du granule de graisse avec le grain de fécule étant bien constatée, il me restait à m'assurer de l'analogie

du tissu adipeux lui-même avec le tissu cellulaire végétal, et du rôle que le granule de graisse ou cellule-limite joue dans ce tissu. Or, si l'on prend une masse de graisse ferme (pl. 13, fig. 11), telle que la graisse de mouton, de veau ou de bœuf, on peut mécaniquement constater que cette masse se compose d'une vésicule externe (*a*), à parois fortes et membraneuses, mais sans aucun pore visible à nos moyens d'observation ; qu'elle renferme dans son sein de grandes masses (*b*) faciles à séparer les unes des autres, et revêtues chacune d'une membrane vésiculeuse à parois moins fortes que la vésicule externe, et chacune renfermant comme cette dernière un certain nombre de masses d'un plus petit calibre, lesquelles en contiennent d'autres, et ainsi de suite jusqu'à la vésicule (*c*) qui renferme les granules adipeux, et dont les parois sont si minces qu'à l'œil nu on serait tenté de prendre pour une seule vésicule l'agrégat d'une foule de petites cellules pleines de granules adipeux. On voit évidemment que chacune de ces masses partielles, qu'on cherche à enlever, tient par un point quelconque de sa surface, à la face interne de la vésicule qui la renfermait ; en sorte qu'en suivant cette dégradation de l'analogie, on doit admettre que les granules adipeux tiennent par un hile à la cellule qui les renferme, comme nous avons vu les grains de fécule adhérer par un hile à la face interne de la vésicule glutineuse ou ligneuse qui les a engendrés. Ce *hile* est invisible sur les granules de graisse ferme du mouton et du veau, parce qu'il a été comprimé comme toutes les faces du granule ; il est plus visible sur les granules de graisse moins ferme, parce qu'aucune compression et aucune cassure ne l'a fait disparaître.

230. *Composition chimique de la graisse.* — Je viens de m'occuper de la structure anatomique de la graisse, je vais exposer maintenant quelques considérations destinées à donner une idée de sa composition chimique et de ses décompositions.

231. Les anciens classaient les huiles et les graisses d'après les différences de leur fusibilité. La chimie moderne considère chaque graisse comme une combinaison en proportions variables ; 1° d'une graisse solide à la température ordinaire, fusible à une température plus élevée, insoluble dans l'eau, soluble dans 6 fois 1/4 son poids d'alcool à 0,795 de densité et bouillant (*stéarine*) ; 2° d'une huile fluide à +4°, insoluble dans l'eau, soluble dans 31 fois 1/4

son poids d'alcool à 0,816 de densité et bouillant (*oléine*) ; telles
sont les différences essentielles qui, d'après la chimie moderne,
existent entre ces deux substances. Leur analyse élémentaire n'en
offre aucune, ainsi que le montre le tableau suivant :

	Carbone.	Hydrogène.	Oxigène.	
Stéarine. . .	78,776	11,770	9,445	Chevreul.
Oléine . . .	79,050	11,422	9,548	

232. En effet, on trouve moins de différence entre ces nombres
qu'on n'en remarque entre deux analyses de la même substance,
faites par les chimistes les plus exacts, ainsi qu'on peut s'en convaincre par le tableau suivant :

	Carbone.	Hydrogène.	Oxigène.	
Blanc de baleine.	81.	13,	6,	Bérard.
	75,474	12,795	11,577	Saussure (1).
Graisse de porc.	78,843	12,182	8,502	Saussure (2).
	79,098	11,146	6,756	Chevreul.

233. On peut donc conclure, sans crainte de se tromper, que
sous le rapport de leurs élémens, non-seulement la stéarine ne
diffère pas de l'oléine, mais encore que ni l'une ni l'autre de ces
deux substances ne diffère de la graisse elle-même dont on les
obtient.

234. On ne doit pas s'attendre que ces deux substances, une
fois obtenues par la manipulation ordinaire, n'offrent aucune différence quant à leurs propriétés physiques ; mais je vais essayer
d'établir que ces deux substances, ainsi obtenues, n'existaient pas
dans la graisse avant la manipulation ; ce que je vais faire précéder
de quelques considérations générales.

235. Les substances animales ou végétales, dont la destination
est de concourir à la formation des tissus, doivent nécessairement
offrir, sous le rapport de la fluidité, des gradations successives.

---

(1) M. de Saussure y a trouvé de plus 0,296 d'azote.
(2) M. de Saussure y a trouvé de plus 0,472 d'azote.

depuis l'état d'une liquidité pour ainsi dire aqueuse, jusqu'à un état approchant de la solidité des tissus. C'est ainsi que nous avons vu (§ 119) l'albumine de l'œuf de poule varier depuis l'instant de la ponte jusqu'aux dernières périodes de l'incubation. C'est ainsi que la gomme exsudée du végétal acquiert de jour en jour une consistance qui la rend de moins en moins soluble dans l'eau. C'est ainsi que les huiles, par l'absorption de l'oxigène de l'air ou par la perte de leurs parties aqueuses, se figent de plus en plus, effet qui doit avoir lieu avec plus de régularité encore dans le sein des cellules de l'être vivant. Or, on conçoit (§ 25) que ces effets, dont les sommes apparaissent bientôt d'une manière sensible, s'opèrent successivement, et que, par conséquent, si l'on voulait distribuer en deux classes les gradations des molécules de ces substances vers l'état de tissus, cette division serait tout aussi arbitraire que celle par laquelle on partagerait en deux âges égaux une série de cinquante individus variant d'âge depuis un an jusqu'à cinquante. Les molécules de graisse et d'huile sont douées, il est vrai, dans les organes cellulaires qui les recèlent, d'une fluidité toujours décroissante ; mais par cela même ces divers états de la même substance cessent de se prêter à la précision des classifications, et ne sauraient être considérés comme formant plusieurs ou seulement deux substances distinctes. A-t-on jamais essayé de classer les nuances d'une dégradation de couleurs ?

236. On sait encore depuis très-long-temps qu'un acide concentré est capable de saponifier une huile ou une graisse, en lui soutirant une certaine quantité d'eau. Cette combinaison de l'acide et de l'huile communique à l'huile la propriété de devenir soluble dans l'eau. Il est bon d'observer que pour produire un *magma* par ce mélange d'acide et d'huile, surtout lorsqu'on se sert d'acide sulfurique, il faut agiter le mélange au contact de l'air ; il se produit alors de la chaleur, les molécules aqueuses s'évaporent, et l'huile se fige de plus en plus ; elle reprend sa fluidité, si l'on y remet de l'eau.

237. Quand on est parvenu à dissoudre de cette manière une certaine quantité d'huile dans un acide (sulfurique par exemple), l'eau ne précipite pas l'acide ; mais si on y verse de l'ammoniaque, il se forme tout à coup un précipité plus ou moins floconneux et gras, qui provient de l'huile altérée. Je me suis assuré, au moyen

du microscope, que la dissolution était complète auparavant, et que le liquide ne tenait aucun flocon en suspension.

238. J'ai déjà fait remarquer depuis long-temps, combien l'on se trompait, lorsqu'à l'aide des lavages même les plus nombreux, on pensait être parvenu à dépouiller une substance organique de l'acide quelconque dont on l'a préalablement imprégnée. Cette remarque s'applique avec plus de vérité encore aux huiles et aux graisses. Si la substance grasse s'est combinée avec une quantité d'acide trop faible pour lui communiquer la propriété de se dissoudre dans l'eau, il arrivera, lorsqu'on voudra lui enlever l'acide, en l'agitant dans l'eau, qu'elle se divisera en globules d'un volume variable. Alors l'eau s'emparera, à la vérité, des molécules d'acide qui recouvrent chaque globule huileux, mais elle respectera nécessairement l'acide emprisonné dans le sein du globule même ; et on aura tort de conclure que l'huile a pu être entièrement dépouillée d'acide, par cela seul que l'eau de lavage n'en offrira plus de traces sensibles. J'ai placé une larme d'acide hydrochlorique dans un centimètre cube d'huile d'olive ; j'ai lavé à grande eau, et alors que l'eau ne me semblait plus donner de traces d'acidité, je parvenais pourtant, à l'aide d'une dissolution dans l'alcool froid, à en reconnaître l'existence. Au bout de trois mois d'exposition à l'air, cette huile renfermait encore de l'acide hydrochlorique.

239. Les molécules des huiles et des graisses sont si faciles à se désagréger et à former de nouvelles combinaisons, qu'on ne peut les soumettre à l'influence de la moindre élévation de température, sans en retirer des produits aussi nouveaux que variés. On savait, au temps de Macquer, qu'en distillant la graisse de mouton, ou le beurre, on obtient dans le récipient une huile dont la fluidité est à peu près semblable à celle des huiles grasses, ensuite une huile épaisse qui se fige dans le récipient quand elle est refroidie, qui doit être ensuite accompagnée de quelques gouttes de liqueur dont l'acidité devient de plus en plus grande, enfin une huile épaisse, une espèce de beurre qui a une couleur rousse. On savait encore de son temps qu'en distillant une huile grasse avec le double de son poids de chaux éteinte à l'air, on peut atténuer l'épaisseur de l'huile jusqu'à lui communiquer l'aspect d'une huile essentielle, et qu'à mesure que l'huile ténue passe dans le récipient, il reste dans la cornue une portion épaisse et lourde de la même huile. Il serait facile de dé-

montrer dans les produits de la première observation, tous les analogues des produits qu'on a découverts de nos jours par la distillation des corps gras; ce qui nous écarterait pour le moment un peu trop de notre sujet.

240. Non-seulement les alcalis et les acides peuvent faire contracter des propriétés nouvelles à une substance grasse, mais encore l'alcool lui-même est capable de la modifier. « Ainsi, dit Boerhaave (1), il y a une autre méthode moins connue et plus pénible, pour faire que les huiles se mêlent à l'eau ; aussi les artistes la regardent-ils comme un secret: elle consiste à faire digérer dans l'alcool, assez long-temps et suivant les règles de l'art, quelqu'une de ces huiles, qu'on appelle essentielles, et à mêler ensuite intimement le tout par plusieurs distillations réitérées; par là la principale partie de l'huile est si fort atténuée et si bien confondue avec l'alcool, que ces deux liqueurs peuvent se mêler avec l'eau. » Il est inutile de faire observer que le même effet aurait lieu sur les huiles grasses ; car enfin puisque la chaleur seule est capable d'imprimer des changemens aussi considérables aux huiles, il est évident que l'alcool, bien loin de s'opposer à ces phénomènes, ne doit qu'en accroître l'intensité. Puisque les huiles peuvent se combiner non-seulement avec les acides minéraux, mais encore avec les acides végétaux, il est évident que l'action de la chaleur produisant la formation d'acides variés aux dépens de toute substance organique, acides que l'on peut considérer théoriquement comme carbonique et acétique, il arrivera que la partie huileuse qui passera dans le récipient ou qui restera dans la cornue se combinant avec ces acides, semblera revêtir les caractères d'une substance acide qui tiendrait et de l'acide et de l'huile, et qui offrirait des propriétés plus nouvelles encore, si l'on saturait son acide par une base.

242. Nous avons vu (§ 127) que la potasse caustique transforme une portion des substances organiques en acides acétique, oxalique, etc. La saponification au moyen des alcalis déterminera donc la formation d'un ou de plusieurs acides qui satureront une partie de l'alcali combiné avec la substance grasse.

243. Faisons maintenant l'application de ces cinq propositions

----

(1) *Élém. de chimie*, t. IV, Traité de l'eau, p. 81.

qui doivent paraître incontestables, à la détermination des substances nouvelles ou nouvellement dénommées que l'étude ré-
cente des graisses a introduites dans la science; et occupons-
nous d'abord de l'*oléine* et de la *stéarine*, dont toutes les
graisses, même dans l'état de vie des organes qui les recèlent,
ne seraient, d'après les auteurs, que des combinaisons en proportions variables.

244. *Stéarine* et *oléine*. — Je place dans un matras de la graisse
de porc, par exemple; je la traite par sept à huit fois son poids
d'alcool presque bouillant. Je décante le liquide et traite le résidu
par de nouvel alcool jusqu'à ce que toute la masse soit dissoute.
Chaque portion d'alcool laisse déposer par refoidissement, sous
forme de petites aiguilles, la *stéarine*, et retient l'*oléine* qui, lorsqu'on réduit la dissolution à 1/8 de son volume, se rassemble en
une couche semblable à l'huile d'olive.

245. Je dis que dans cette expérience, la partie qui se dépose la
première fois était, avant la manipulation, identique avec la partie
qui reste dissoute, et que, si elle se précipite, c'est que l'alcool en
dissout plus à chaud qu'à froid. Cela est tellement vrai, que si au lieu
d'employer six à sept fois son poids d'alcool dans la première expérience, on emploie une quantité en excès de ces menstrues, on
n'obtient aucun précipité par le refroidissement, même alors qu'on
aura concentré suffisamment le liquide. Mais il ne faut pas perdre
de vue que la graisse que l'on traite ainsi, par six ou sept fois son
poids d'alcool, reste appliquée contre des parois échauffées, subit
l'effet de l'élévation d'une haute température (§ 239), et s'altère
d'autant plus que l'on réitère ces traitemens. Aussi aura-t-on lieu
de remarquer, qu'à chaque nouveau traitement on aura des quantités et des qualités de produits différentes de celles des précédentes
expériences. Il ne sera donc pas extraordinaire qu'après tant de manipulations on obtienne une, et même, si l'on ne s'attache qu'à
constater la solubilité et la fusibilité, plusieurs substances différentes. Mais on ne sera pas plus en droit de conclure que les substances nouvelles se trouvaient combinées en proportions variables
dans la graisse de l'animal vivant, qu'on ne serait en droit de conclure que les acides qui se forment à l'aide de la chaleur se trouvaient dans la substance adipeuse avant la manipulation.

246. Lorsqu'il s'agit d'obtenir les deux principes supposés de

l'huile d'olive ou de toute autre huile, on se garde bien de commencer l'opération par l'ébullition dans l'alcool. On congèle l'huile et on la dépouille de sa portion non congelée, en la pressant dans du papier gris. Mais on n'obtient la stéarine pure qu'après l'avoir soumise à plusieurs reprises à l'action de l'alcool bouillant. Or on ne saurait nier que la congélation produit sur les substances organiques des altérations importantes. Ce genre d'altération est analogue, sous certains rapports, à celle qu'exercent les substances avides d'eau ; c'est-à-dire que la gelée opère le départ de l'eau dont toute huile est imprégnée, et tend ainsi à épaissir, à coaguler la portion essentiellement huileuse, de même que les acides concentrés et la potasse caustique coagulent les huiles, en faisant une soustraction de leurs molécules aqueuses. Si à l'action de la chaleur on ajoute celle de l'alcool qui est tout aussi avide d'eau que les acides, on ne manquera pas de coaguler, d'épaissir, de dessécher la portion de la substance huileuse qui aura été la première attaquée, d'obtenir la portion altérée sous forme de *stéarine*, et sous forme d'*oléine* la portion devenue plus fluide par la chaleur ainsi que par sa combinaison avec l'alcool.

247. *Acides gras.* — On peut obtenir ces acides (*sébacique*, *oléique*, *margarique*, *phocénique*, *butyrique*, etc.), ou bien par la saponification, ou bien par la distillation.

248. Par la saponification on combine une substance grasse avec la potasse, on sature la potasse avec un acide, et l'on obtient une substance grasse plus ou moins fluide, qui, à l'état liquide, rougit le tournesol et devient susceptible de saturer les bases. Or, par ce que nous avons déjà fait remarquer (§ 242), on ne se refusera pas à croire que l'acide employé en excès pour saturer la potasse de la substance saponifiée, reste combiné avec la substance grasse et la saponifie à son tour. D'un autre côté, comme la saponification par la potasse ne peut avoir lieu sans l'intermédiaire de la chaleur, les acides acétique, carbonique, oxalique, etc. , s'étant formés soit par l'action de la potasse, soit aussi par l'action de l'élévation de température, l'acide nouveau minéral ou végétal qu'on emploiera pour saturer la potasse isolera en tout ou en partie ces acides, qui ne manqueront pas de s'unir aux substances grasses et de leur prêter le caractère de l'acidité.

249. Si, au lieu de la saponification, on a recours, pour les pro-

duire, à la distillation, on obtiendra à peu près les mêmes résultats. Les acides produits par la décomposition de la substance grasse de la cornue, iront se mêler dans le récipient avec tous les produits qui s'y rendront avec eux.

250. En conséquence, en considérant les nouveaux acides gras comme une combinaison ou plutôt un mélange de matière grasse plus ou moins fluide à la température ordinaire, et d'un acide soit produit, soit ajouté, on n'aura pas besoin d'avoir recours à l'existence d'acides gras, et tout s'expliquera avec une simplicité qui est voisine de l'évidence, quand on pense que la nature ne complique jamais ses causes et ses lois de création. La capacité de saturation de ces acides est loin de s'opposer à ce que nous venons d'avancer ; et quant à l'analyse élémentaire des acides fournis par les corps gras, elle ne présente entre eux aucune différence réelle ; car l'oxigène y varie, par exemple, de 7 à 8 ; l'hydrogène de 11 à 12, et le carbone de 79 à 80 (Voy. § 231).

251. On me répondra peut-être qu'il était intéressant de constater les différences de ces produits, quoiqu'ils n'existent pas dans la nature. Je ne le nie point ; mais je ferai observer que, sous ce rapport, les modernes sont restés bien loin des anciens : car ceux-ci avaient reconnu que, si l'on distille de nouveau la partie la plus fluide de la graisse qui a passé dans le récipient, on obtiendra, à chaque distillation, une huile plus ou moins fluide, et qui, après la sixième ou huitième distillation, sera aussi limpide que l'eau. Or comme les caractères différentiels de toutes ces substances factices résident dans leur plus ou moins de fluidité et dans leur plus ou moins de solubilité dans l'alcool, il s'ensuit qu'à chaque distillation on aura une nouvelle substance terminée en *ine* ou un acide nouveau. Nous renvoyons à ce sujet à la *Chimie pratique* de Macquer, tom. 2 ; l'on y verra combien de substances nouvelles les graisses auraient fournies à ce chimiste, s'il avait voulu leur imposer des noms.

252. *Structure intime et composition chimique des membranes organiques.* — L'analyse des divers organes qui, par leur structure, se rapprochent du grain de fécule, nous a amenés à isoler une enveloppe la plus simple et la plus ténue qu'il nous soit permis d'obtenir. Nous avons vu (§ 19 et 120) que cette enveloppe possède un pouvoir réfringent si voisin de celui de l'eau, et

que sa surface est si unie, que, sans les plis que la manipulation chimique y détermine, il serait fort difficile de la distinguer du milieu ambiant. Si la structure intime des tissus organiques était susceptible d'être étudiée avec nos moyens d'observation, il est évident que cette étude ne pourrait pas être poursuivie avec plus de succès que sur de telles membranes. Or, quelque grossissement qu'on emploie, il est impossible de découvrir aucune altération dans l'aspect lisse et uni de leur surface.

253. Cependant nous avons vu d'un autre côté (§ 36, 37), que sous l'influence de la fermentation ou de l'ébullition, la substance des tégumens se couvrait de granulations arrondies, vésiculaires, inégales en diamètre, et qui paraissent même croître à leur tour. Or l'explication la plus naturelle qui se présente de ce phénomène, c'est d'admettre que les parois de ces tégumens sont composées de globules accolées les unes aux autres, et que leur petitesse rend inaccessibles à nos moyens d'observation; que sous l'influence d'une cause fécondatrice quelconque, chacun de ces globules est susceptible d'acquérir des dimensions toujours croissantes; en sorte qu'il est permis de penser que, si la cause de ce mouvement n'était pas artificielle, chacun de ces petits globules parviendrait à la dimension du globule maternel, et se composerait, comme lui, d'une substance élaborée, soluble, et d'un tégument, lequel à son tour pourrait être supposé composé de globules inapercevables; lesquels à leur tour seraient susceptibles de croître et d'être aperçus; et ainsi de suite à l'infini. Mais au lieu de remonter en suivant la marche de l'analogie, redescendons en nous laissant diriger par le même flambeau, et nous concevrons que tous ces globules de nouvelle création en apparence, préexistaient déjà à leur apparition, et que le tégument le plus lisse se compose de globules, dont les tégumens se composent de globules plus petits, mais analogues, et ainsi de suite jusqu'à l'infini, qui n'est que la limite de notre intelligence.

254. L'étude plus spéciale des organes végétaux, sous le rapport de leur arrangement symétrique, nous autorisera bientôt à penser que l'arrangement de ces globules se fait en spirale autour d'un globule primitif; qui devient ainsi une des extrémités de l'axe de cette sphère organique.

255. Je ne m'arrêterai pas long-temps à l'opinion moderne qui

avait établi que les membranes, au moins de nature animale,
se composent de fibrilles élémentaires, lesquelles à leur tour se
composeraient de globules de 1/300 de millimèt. environ ajoutés
bout à bout, et qui seraient tous égaux entre eux. Cette opinion
importée avec une espèce de solennité, d'Angleterre en France,
ne nous paraît pas avoir résisté à la réfutation que nous en avons
publiée dans le tome IV du *Répertoire général d'Anatomie*. Ses
auteurs, qui, pour l'établir, avaient fait tant de frais de planches et
de figures, n'avaient pas pris la précaution, avant de se livrer à un
travail aussi facile, de se demander ce qu'ils entendaient par membrane, et d'examiner si des plis, des gouttelettes albumineuses ou
huileuses placées au-dessus ou au-dessous de la membrane observée, ne seraient pas capables de jouer, aux yeux de l'observateur,
le rôle de globules élémentaires. Il est certain que dans toutes leurs
recherches, ils n'ont jamais observé une membrane simple, mais
l'agrégat d'une foule de membranes, dont les différentes granulations, en se superposant, semblaient quelquefois composer, quoique
imparfaitement, des séries linéaires. L'irrégularité que ces séries
affectent sur les figures si uniformes de ces auteurs, et encore mieux
l'irrégularité des séries que l'on observe soi-même sur les tissus
qu'ils ont étudiés, et les disproportions aussi considérables que variées qu'on remarque entre les granulations de ces mêmes tissus,
sont la réfutation la plus péremptoire d'une opinion, que ces auteurs
avaient entourée de toutes les circonstances d'érudition ou d'expériences, qui étaient susceptibles de la recommander à la confiance
des lecteurs. Afin de mettre à l'abri de tout soupçon la bonne foi
des auteurs de ces travaux, on est obligé de supposer, quand on
observe soi-même, qu'ils n'ont pris en considération que les granulations homogènes, et encore celles qui se présentaient en séries ;
et qu'ils ont regardé comme non avenues celles qui dépassaient le
diamètre et qui se montraient isolément. Quant aux espaces intermédiaires et pourtant membraneux sur lesquels aucune granulation
n'apparaissait, tous les efforts d'imagination n'ont pu les conduire
à faire accorder ces anomalies avec le système. En conséquence il
est assez généralement reconnu aujourd'hui que les globules élémentaires des membranes sont aussi inaperçables à nos moyens
d'observation, que les atomes mêmes des corps inorganisés.

256. Dans les paragraphes 38 — 41, nous avons déjà eu l'occa-

sion d'étudier les effets que produisent les acides et les alcalis sur la substance des tégumens des granulations, tégumens que nous pouvons considérer comme représentant les membranes à un état parfait d'isolement. Nous avons vu que le contact de ces réactifs y déterminait la formation de granulations homogènes, qui prenaient de plus en plus une teinte jaunâtre pour passer au noir jayet, qui est la couleur caractéristique du carbone. Quand on se sert d'un alcali caustique, il est nécessaire d'employer de plus l'action du calorique, pour obtenir cet effet dans son intensité. Bientôt toute la substance organisée se charbonne ; et observée au microscope, elle n'offre alors que des globules noirs, un peu transparens sur leur centre, et qui, formés sous l'influence de la même cause, affectent des formes et dimensions semblables. Or ces menstrues n'ont déterminé cet effet sur les substances organiques, qu'en leur soutirant toute l'eau qui était combinée avec le carbone. En sorte que le carbone paraît former la charpente du globule organisé ; et la tendance que les molécules de carbone ont à s'arranger en sphère ne peut être troublée que par une température propre à en opérer la fusion et la cristallisation. Mais ces petites sphères sont inertes et immuables tant que les molécules de chaux ne viennent pas s'interposer entre leurs molécules ; dès que cette association a lieu, la sphère à base de carbone est vivifiée, elle est fecondée, et susceptible d'engendrer, sur ses parois, d'autres sphères susceptibles de s'accroître et de multiplier. Ce que nous disons ici du rôle que joue le carbone dans les tissus organisés, peut se démontrer encore par l'étude du ligneux, dont l'élévation de température a éliminé l'oxigène et l'hydrogène ; la structure des organes n'a nullement souffert en apparence de cette élimination ; les cellules, les fibres y conservent la même place et les mêmes rapports. Rien n'y paraît avoir été altéré, si ce n'est la couleur et la vie.

257. *Ulmine.* — Les rapports qui existent entre l'ulmine et le sujet que nous venons d'étudier, sont si frappans, que sans aucun doute M. Vauquelin (*Annales de chimie*, tome XXI, p. 40) se serait dispensé de créer ce nouveau nom, si, à l'époque de son travail, la chimie organique n'avait pris à tâche de trouver du nouveau à quelque prix que ce fût, pour ne pas rester en arrière de la chimie inorganique. M. Braconnot (*Précis de trav. de l'Acad. des Sc. de Nancy*, 1823), en produisant de l'ulmine

artificielle , était moins excusable encore de conserver ce nom.

258. Puisque les acides et les alcalis, en soutirant de l'eau aux molécules organisées , divisent les membranes en globules charbonnés , l'*ulmine* que **M**. Vauquelin a obtenue de la sanie des ormes, peut être considérée comme le produit de la potasse qui existe en quantité considérable dans cette substance. Le procédé de **M**. Braconnot détermine plus vite la formation de l'*ulmine*, à cause de l'action de la chaleur qui aurait l'intensité et la célérité de l'action de la potasse.

259. Que l'*ulmine* ne soit que la masse des globules charbonnés des substances organiques, c'est un fait dont on peut s'assurer directement au microscope, qu'on opère soit sur l'*ulmine* naturelle, soit sur l'*ulmine* artificielle. Sans m'étendre donc davantage sur des résultats aussi faciles à constater, je me contenterai d'expliquer les circonstances dans lesquelles **M**. Vauquelin a cru trouver des caractères suffisans pour créer une substance nouvelle.

260. *Cette matière*, dit **M**. Vauquelin, *est dissoluble dans l'eau.* Il est aisé de se convaincre que ce que **M**. Vauquelin prenait pour une dissolution, n'est autre chose qu'une suspension de ces globules infiniment petits.

261. *Cette substance est insoluble dans l'alcool;* parce que les globules organiques ont une densité plus grande que ce menstrue , et n'y restent jamais en suspension.

262. *Les acides précipitent l'ulmine de l'eau qui la dissout;* de même que les acides précipitent de l'eau tous les organes que l'eau peut tenir en suspension ; ce qui vient sans doute de ce que les acides , par leur astringence , réduisent les globules à un moindre volume et en augmentent ainsi le poids.

263. *Cette substance séparée de son dissolvant par l'alcool, se redissout dans l'eau avec des phénomènes très-curieux; les grumeaux montent et redescendent avec une certaine rapidité.* Ces phénomènes si curieux se réduisent à des phénomènes très-ordinaires et qui s'expliquent sans le moindre effort. Qui n'a pas été témoin de ces mouvemens, en observant se dissoudre dans l'eau des morceaux de sucre spongieux? et qui n'a pas expliqué ces ascensions et ces précipitations successives, en voyant qu'à chaque instant la solubilité du sucre tendait à faire varier la surface et la pesanteur de chaque morceau, et par conséquent à le faire des-

cendre et à le faire monter tour à tour? Ajoutez à cette première
cause la présence d'une certaine quantité d'alcool dans le précipité
que **M. Vauquelin** observait, et ces ascensions devront être encore
plus fréquentes et plus variées, à cause de l'évaporation des molécules alcooliques. On peut se ménager le plaisir de ces phénomènes,
en alcoolisant l'eau qui renferme des granulations reconnues comme
insolubles par toutes les écoles de chimie; et si l'on veut se servir
de ce noir que fournissent les épillets d'avoine, que le peuple
nomme le charbon, et que les botanistes désignent sous le nom
d'*Uredo carbo*, on aura des rapports de ressemblance tels qu'il
deviendra impossible au chimiste le plus exercé de reconnaître les
différences.

264. *Uredo carbo*. — Je n'ignore pas que, dernièrement encore,
on a réhabilité académiquement l'origine cryptogamique de cette
substance charbonneuse. On a découvert que les sporules arrivaient
de la graine en germination jusqu'aux organes qui en étaient attaqués, et venaient former dans ces régions une végétation tenant au
centre de la tige. Ces faits ont été sans doute observés avec ces
microscopes puissans et cette vue pénétrante, qui a permis de découvrir le passage des prétendus animalcules du pollen à travers le
stigmate, et leur arrivée dans l'ovule. Mais, comme la nature de
notre esprit nous porte à observer et non à rêver la nature, nous
n'en continuerons pas moins à professer que les granulations noires
de l'*Uredo carbo* se sont formées dans l'intérieur d'une cellule,
dont les parois imperforées n'auraient jamais pu donner aucun passage à des sporules de ce calibre. Nous avons examiné assez souvent l'*Uredo carbo* des épillets des *Avena sativa* et *elatior*; nous
avons toujours reconnu que ces granulations noires étaient enfer-
mées dans des compartimens cellulaires recouverts d'un épiderme
étiolé et membraneux; que, lorsque ces granulations attaquaient
l'ovaire, elles s'y trouvaient disposées exactement comme les grains
de fécule qu'elles y remplaçaient entièrement. Cet *Uredo* se forme
dans ces épillets et dans ceux du *Maïs*, même alors que l'épi est
encore emprisonné, le plus étroitement possible, dans la gaine de
la feuille terminale, qui lui forme une enveloppe que jamais ces sporules ne seraient dans le cas de franchir.

265. Les granulations d'*Uredo carbo* sont donc l'effet d'une carbonisation intérieure, dont il ne serait pas absurde d'attribuer l'ori-

gine, ou à la prédominance d'un alcali, ou à l'acide nitrique de la pluie des orages, ou enfin à l'électricité de l'atmosphère.

266. J'ai pris une certaine quantité de fleurs d'*Avena elatior*, attaquées de l'*Uredo carbo*. Je les ai écrasées dans l'eau; la majeure partie de ces granulations ne se détachaient que difficilement, même par l'agitation. Toutes celles qui se sont détachées sont tombées au fond du vase, et elles n'ont coloré aucunement ni l'eau ni l'alcool. Exposés à l'ébullition, ces deux menstrues se colorèrent en noir; mais au microscope ils restaient tout-à-fait incolores, et leur coloration apparente n'était due qu'à la suspension des granules noirs, qui, dans cette opération, n'avaient perdu ni de leur forme ni de leurs dimensions. Avant comme après l'opération, on pouvait s'assurer que ces granules étaient identiques avec les granulations noires que l'acide hydrochlorique avait formées aux dépens des tégumens de la fécule (§ 39).

266. Placés dans l'eau, même dans l'eau commune, ils restèrent incorruptibles, comme l'*ulmine* naturelle ou artificielle. Seulement au bout d'un certain laps de temps, il se forma, dans le fond de l'eau, des ramifications fibrillaires blanches comme la neige, et dont la base prenait naissance sur un de ces globules charbonnés; effet qui a eu lieu également sur l'*ulmine* du commerce que j'avais laissée séjourner au fond de l'eau.

267. L'ébullition enfin dans l'eau ou dans l'alcool, n'enleva rien ni à l'*ulmine* ni à l'*Uredo carbo*.

268. L'ulmine provenue de la trituration de l'écorce des arbres dans l'eau alcalisée, ne diffère de l'*Uredo carbo* et de l'*ulmine* naturelle, que sous le rapport de la couleur qui tire sur le marron, au lieu d'être d'un *noir jayet*. Mais cette coloration varie, dans l'*ulmine* artificielle, selon que l'on pousse plus ou moins loin la carbonisation. Il paraît même que jamais on ne peut l'obtenir avec le noir jayet des descriptions chimiques, et qu'elle tient toujours plus ou moins, ainsi que l'*Uredo carbo*, du noir de suie.

269. Les caractères chimiques et physiques de cette substance faussement nouvelle, varient encore en raison des procédés et des tissus employés. Si l'on se sert de papier, on obtient une *ulmine* à un tel état de division qu'elle reste en suspension au-dessus de l'eau, même à froid; l'acide sulfurique l'en précipite; mais si l'on n'a pas soin de pulvériser les gros grumeaux que la torréfaction produit,

ces gros grumeaux restent aussi indivisibles à chaud qu'à froid : ce qui se concevra assez facilement en faisant attention que, pendant la torréfaction., des parcelles de potasse ont pu s'envelopper d'une couche de ces granulations noires, qui protègent ainsi l'alcali contre l'affinité de l'eau; mais si l'on broie ces grumeaux, on met à nu la potasse, et ils disparaissent alors en se dissolvant en apparence.

270. Qu'au lieu de papier, on fasse usage d'un ligneux renfermant également de la gomme et de la résine, on obtiendra une *ulmine* qui sera soluble en partie dans l'alcool et en partie dans l'eau, à cause des portions de résine et de gomme que la potasse n'aura pas entièrement carbonisées. Enfin on pourra obtenir autant d'*ulmines* différentes qu'on opérera sur des tissus différens.

271. *Acide pectique.*—Toutes ces observations m'amènent plus naturellement qu'on ne pourrait le penser, à parler de l'acide *pectique*, que M. Braconnot (*Ann. de Chim. et de Phys.*, t. XXVIII, p. 170, et t. XXX, p. 96) a obtenu en traitant, entre autres tissus végétaux, la racine de carotte par la potasse, et que l'auteur a regardé comme répandu dans tous les végétaux et comme étant l'analogue du *Cambium.*

272. « On réduit en pulpe la racine à l'aide d'une râpe, pour en exprimer le jus ; on épuise le marc par l'ébullition dans l'eau aiguisée d'acide muriatique, puis on lave le résidu et on le fait chauffer avec une dissolution de potasse très-étendue ; il en résulte une liqueur épaisse, mucilagineuse, peu alcaline, de laquelle l'acide muriatique sépare le nouvel acide, sous forme d'une gelée abondante qu'il suffit de bien laver ensuite. Cette gelée a une saveur sensiblement acide, et rougit le papier tournesol. Elle est à peine soluble dans l'eau froide, mais plus soluble dans l'eau chaude qui ne laisse rien déposer par le refroidissement. Elle est coagulée en une gelée transparente et incolore par l'alcool, par toutes les solutions métalliques, par l'eau de chaux, l'eau de baryte, les acides, et même par le sucre. Cet acide distillé n'a point donné d'ammoniaque. »

273. Par tout ce que nous avons déjà eu l'occasion de faire observer (§ 49, 127, 242, 248), il paraîtra évident que, dans cette opération, tout autorise à penser que l'acidité de cette substance lui est entièrement étrangère ; car l'action de la potasse détermine la formation de plusieurs acides capables de la saturer ; si l'on ajoute

ensuite, à ce mélange d'une substance organique avec des sels divers à base de potasse, un acide énergique tel que l'acide hydrochlorique, non-seulement celui-ci éliminera un ou plusieurs des acides formés par la potasse, mais encore il communiquera sa propre acidité à la substance organique qui s'en imprégnera. On aura beau alors laver le résidu, nous avons déjà eu occasion de prouver que cet expédient ne parviendra jamais à enlever tout l'acide. Mais ce qui doit achever de démontrer que l'acide pectique n'est qu'un mélange d'acides connus, et de la substance organique plus ou moins altérée, c'est que le résidu insoluble dans l'eau froide, non-seulement donne, après des lavages suffisans, des signes d'acidité, ce que les substances insolubles se refusent de faire, mais encore que l'on voit cette acidité diminuer d'intensité avec chaque lavage nouveau, quoique la substance ne diminue pas de volume; en sorte qu'au bout de certains lavages à froid, il est difficile de constater, par les papiers réactifs, la nature acide de la substance. Si alors on a recours à l'ébullition, on ne manque pas de rendre cette réaction plus sensible, parce que l'ébullition, en désagrégeant les grumeaux peu attaqués par l'eau froide, met en liberté les molécules d'acide qu'emprisonnaient ces grumeaux.

274. Nous avons répété avec grand soin les expériences de M. Braconnot, et nous nous sommes convaincu que rien n'était plus variable sous ce rapport que les caractères du résidu. Plus ou moins blanc, ou jaunâtre, plus ou moins soluble à chaud. quelquefois l'ébullition la plus prolongée est insuffisante pour rien dissoudre de sensible, et cependant l'eau acquiert presque toujours dans cette opération un caractère prononcé d'acidité. Si l'on filtre à travers plusieurs papiers, le liquide filtré conserve son acidité, quoique les réactifs n'y indiquent plus de substance organique susceptible d'être précipitée en gelée ou autrement. Cette acidité appartient donc à une autre substance qu'au prétendu acide pectique.

275. Il faut en dire autant de la propriété de précipiter les solutions métalliques, l'eau de baryte et l'eau de chaux. Car il est démontré que l'action de la potasse détermine, pendant l'opération, la formation de certains acides, et principalement de l'acide oxalique.

276. Cherchons maintenant à reconnaître approximativement la nature des substances déjà connues, qui en empruntant l'acidité

des corps formés ou ajoutés, ont revêtu, après la manipulation , des caractères nouveaux en apparence. Les racines jeunes et amylacées renferment, entre autres matières, de l'huile et du gluten, deux substances susceptibles de devenir solubles dans l'eau à la faveur de leur alliance avec la potasse ; et cette solubilité provient sans aucun doute de la solubilité inhérente à la potasse, et que cette base communique presque à toutes ses combinaisons. Mais comme dans ce contact il se forme de nouveaux acides , la solution aqueuse renfermera non-seulement un mélange de gluten, d'huile et de potasse, mais encore des sels à base de potasse. Si l'on ajoute un acide au mélange, l'acide s'emparant de la première portion de la base, éliminera l'huile et le gluten qui reprendront la forme de tissus, avec des caractères aussi variables que pourront l'être et les corps accessoires qui se trouveront unis à eux , et les circonstances de la manipulation.

277. Afin de n'être pas effarouché de ces idées, il suffit de se rappeler l'explication que l'on admettrait généralement de ce qui se passerait, si l'on faisait réagir la potasse sur un mélange de gluten et d'huile. Le précipité qui aurait lieu, à l'aide d'un acide, ne serait certainement regardé que comme un précipité plus ou moins altéré de gluten et d'huile, retenant encore des sels de potasse et de l'acide en excès. Comment se fait-il donc qu'on explique autrement la nature, quand, au lieu de mêler de toutes pièces l'huile et le gluten, on opère sur des corps dans lesquels la nature a fait préalablement ce mélange ?

278. On m'objectera sans doute que l'on ne pourrait pas parvenir à retirer du gluten de la carotte, par la malaxation ; mais cette objection ne me semble plus offrir une importance aussi grande, après ce que nous avons établi (§ 111) sur les caractères essentiels du gluten, et sur ses modifications accessoires.

279. Dans une publication prochaine nous ferons l'application de toutes ces découvertes à l'étude de l'organisation en général.

FIN.

2. Une ligne médiane blanche (fig. 2 *a*) se dessine obliquement à travers deux couches vertes longitudinales, composées
elles-mêmes de séries longitudinales de globules verts, dont la direction est parallèle à la ligne blanche. Cette dernière s'étend sur
chaque côté opposé du tube.

3. On ne tarde pas à remarquer que cette ligne médiane blanche (fig. 2 *a*) est une espèce de ligne de démarcation entre deux
courans inverses l'un de l'autre, et dont la direction est marquée
par des grumeaux hyalins qu'ils charient. Un de ces courans s'a-
vance vers la gauche de l'observateur, et l'autre vers la droite;
mais les globules de l'un ne se mêlent pas aux globules de l'autre.
Quelquefois on observe, sur la ligne de démarcation, de grands globes albumineux, qui, obéissant à la résultante des deux forces si-
multanées et opposées des deux courans, tournent sur leur axe,
retenus au fond du liquide par leur pesanteur spécifique.

4. Gozzi, ayant pratiqué des ligatures sur un de ces tubes, s'a-
perçut que la circulation continuait d'avoir lieu entre les ligatures.
Je voulus pousser plus loin l'expérience ; je pratiquai deux ligatures (fig. 3, *a a*), chacune à quelques millimètres des articulations (*f f*). Je coupai ensuite l'espace intermédiaire entre les
articulations et les ligatures, et j'obtins ainsi un tube à articulations factices. Non-seulement la circulation continua d'avoir lieu
dans le tube mutilé (*a a*); mais encore, au bout de quelques
jours, les deux ligatures tombèrent ; les bouts du tube restèrent
exactement fermés par la soudure de leurs bords, et la circulation
continua d'avoir lieu pendant un mois (du 26 juillet 1827 au 3
septembre).

5. Un pareil tube sert fort bien à compléter le spectacle de la
circulation. On voit en effet que le courant quelconque (*b*), une fois
parvenu à une des extrémités, décrit le circuit tracé par le cul-de-
sac qui termine le tube et devient le courant opposé (*c*). Cette observation peut très-bien se faire, sans aucune préparation, sur les
jeunes pousses de *Chara*.

6. Nulle cloison ne sépare les deux courans, ainsi qu'on s'en
assure par la dissection suivante : que l'on coupe transversalement
et obliquement, avec un bon rasoir, le tube dans lequel on aura
remarqué la circulation, on verra que ce tube se compose d'un
étui cartilagineux, à parois épaisses, mais hyalines et fort trans-

parentes. L'intérieur de ce tube est tapissé de chaque côté des lignes médianes (fig. 2 *a*), par une membrane verte, sur laquelle on remarquait un instant auparavant, à travers l'étui hyalin, des séries parallèles de globules verts. Non-seulement, à l'aide d'une pointe on peut détacher cette membrane (fig. 1 *b*) par lambeaux; mais encore en introduisant la pointe dans le tube, on reste convaincu que cette membrane est adhérente aux parois du tube extérieur; et nulle cloison ne se remarque à l'intérieur. Un phénomène dont nous trouverons bientôt l'explication, se montre alors; un liquide miscible à l'eau part de l'intérieur du tube avec rapidité, mais sans obéir à aucune des lois qu'on avait eu l'occasion d'observer, quand le tube était intègre. Cependant, les causes qui présidaient à l'existence des deux courans opposés continuent à exercer leur influence; on voit à travers le tube lui-même des masses coagulées ramper contre la paroi (*c c*), en se dirigeant du côté de l'ouverture vers le fond du tube, et du fond du tube vers l'ouverture (*g*), d'où elles sont expulsées au dehors sous forme d'une masse tremblottante, globuleuse et blanchâtre, qui acquiert de la consistance à chaque instant (*a*). Ce qu'il faut bien prendre en considération, c'est que cette coagulation ne m'a pas paru avoir lieu, au moins d'une manière aussi intense, lorsque je faisais l'expérience dans l'eau distillée.

Cette expérience prouve évidemment que les parois du tube sont les agens de la circulation.

6. La moindre solution de continuité dans la membrane verte finit par arrêter la circulation, et si la circulation continue encore quelques instans, on voit que le fluide circulant tourne tout l'espace privé de matière verte, et que le plus souvent rien ne passe par cette tache blanche. L'intégrité de la membrane verte est donc d'une indispensable nécessité à l'existence de la circulation. Aussi, dès qu'on a fait faire le moindre coude à un tube, on est sûr d'avoir arrêté la circulation dans son intérieur.

7. Quand on a enlevé le carbonate calcaire qui recouvrait le tube de *Chara*, qu'on le tienne de nouveau plongé dans l'eau commune; on ne tardera pas à le voir se couvrir peu à peu d'une incrustation cristalline, dans laquelle se montrent des rhomboïdes de chaux carbonatée, qui, en s'accumulant, apparaissent au microscope comme des taches noirâtres, et à l'œil nu comme des cris-

tallisations farineuses et blanches. Il ne faudrait pas croire que ces cristaux soient libres et isolés ; si l'on observe leurs raclures au microscope, on découvre que chacun de ces cristaux est emprisonné dans des interstices cellulaires d'une membrane qui n'est que l'épiderme du tube décortiqué.

8. Si l'on plonge, au contraire, le tube décortiqué et ratissé dans l'eau distillée, l'incrustation n'a pas lieu. Je ne puis pas assurer que la circulation dure long-temps dans cette eau pure; j'en ai conservé pourtant des tubes à articulations factices (*voyez* § 4) depuis le 13 août 1827 jusqu'au 22 du même mois; aucune incrustation ne se montrait sur leur surface.

9. Dans l'eau saturée de sulfate de potasse, et que je n'ai pas eu soin de renouveler, j'ai conservé des tubes avec leurs incrustations depuis le 31 juillet jusqu'au 1er septembre de la même année; l'incrustation ne paraît pas avoir augmenté.

10. Dans une solution de sel marin, le mouvement a duré tout au plus deux heures.

11. Dans une solution de nitrate de potasse, des tubes avec leur incrustation et à articulations factices se sont conservés neuf jours, et je crois être en droit d'attribuer leur mort à des accidens mécaniques. La double décomposition avait éclairci beaucoup l'incrustation.

L'expérience (§ 8) prouve que l'incrustation de carbonate calcaire est moins l'effet d'une exsudation, que celui d'une véritable incrustation provenant d'un dépôt du liquide ambiant.

12. Si l'on place au foyer du microscope un tube décortiqué et dépouillé de son incrustation, mais humecté par une faible goutte d'eau, on remarque qu'à mesure que l'eau s'évapore, le mouvement intérieur se ralentit ; mais si, à l'instant où il est sur le point de s'arrêter entièrement, on dépose de nouveau une goutte d'eau sur un point quelconque de ce tube, on voit subitement la portion du liquide intérieur correspondant à ce point humecté, s'ébranler pour se remettre en mouvement; et si alors, à l'aide d'une paille, on promène la goutte d'eau sur le reste du tube, la circulation se rétablit avec toute sa régularité.

13. Si l'on plonge chaque extrémité d'un tube décortiqué dans l'eau, et qu'on laisse exposée à l'air la portion intermédiaire, celle-ci ne manque pas de se contourner et de se dessécher en s'aplatis-

sant. Si le tube n'avait pas été décortiqué, cet effet n'aurait pas
eu lieu : ce qui s'explique facilement, quand on pense que l'é-
corce de ces tubes se compose de tubes longitudinaux dont les
interstices peuvent porter l'eau par l'effet de la capillarité sur
toute la surface du tube intérieur. Le tube interne, au contraire,
n'offrant ni cellules ni tubes, et étant simplement formé d'une
couche épaisse et homogène qu'on peut assimiler à une membrane,
celle-ci absorbe les liquides par imbibition dans le sens de son
épaisseur, et non dans celui de sa longueur. En d'autres termes,
le tube d'un *Chara* est à lui seul une grande cellule.

14. La cause qui fait contourner le tube desséché réside uniquement dans le retrait de la substance qu'il renferme; car, si l'on
coupe transversalement un tube décortiqué dans l'eau, et qu'on l'y
vide en l'exprimant entre deux doigts, le tube en se desséchant
conservera sa première forme.

15. Une goutte d'alcool, d'ammoniaque liquide, d'alcali caustique, ou d'acide, soit végétal soit minéral, placée sur la surface
externe d'un tube décortiqué, arrête subitement la circulation ;
donc les parois jouissent de la propriété d'absorber promptement
les liquides qui les humectent.

Ces expériences jetteront plus de clarté sur celles par lesquelles
je vais expliquer, je pense, le mécanisme de la circulation.

16. Le phénomène de deux courans inverses, et ne se mêlant
pas ensemble, avait paru si extraordinaire aux physiologistes, que
la plupart, dans le but de diminuer l'anomalie, s'étaient crus au-
torisés à admettre l'existence d'une cloison entre les deux courans.

Quant à moi, j'avais moins cherché, dans mes expériences, à
expliquer le phénomène qu'à l'observer par toutes ses faces, lorsqu'un jour, faisant chauffer à la lampe un tube de verre plein d'alcool, dans lequel étaient suspendus des globules graisseux, je fus
frappé de l'analogie qui me semblait exister entre les mouvemens
que la chaleur déterminait dans l'alcool, et la circulation que j'a-
vais tant de fois observée dans les tubes de *Chara*. On voyait les
globules du fond du tube de verre monter en glissant contre
une moitié des parois, et une fois arrivés à la surface du liquide,
redescendre en glissant contre la paroi opposée, pour arriver
une seconde fois dans le fond, et remonter encore, et ainsi de suite

indéfiniment ; ce qui offrait à l'œil deux courans inverses et séparés par une ligne de démarcation constante. Cette expérience peut se répéter avec plus de facilité encore au moyen d'un tube rempli d'alcool, dans le fond duquel on aura déposé de la sciure de liége ; la chaleur seule de la main suffira pour produire ce phénomène aussi long-temps qu'on désirera l'observer. Si l'on réfléchit maintenant un seul instant sur les circonstances qui l'accompagnent, on ne manquera pas de s'assurer que c'est l'effet le plus simple et le plus ordinaire des lois hydrauliques ; car, dès que la chaleur vient à dilater des molécules de liquide, celles-ci tendent à monter ; et comme elles éprouvent de la résistance de la part de la colonne verticale, elles prennent la résultante, et se dirigent vers une des parois, qu'elles longent jusqu'à la surface du liquide ; là, poussées par les molécules suivantes, et devenues ensuite moins légères par le refroidissement, elles redescendent en longeant l'autre paroi pour venir s'échauffer, se dilater encore, et monter une seconde fois. Les particules de liége ne sont destinées, dans cette expérience, qu'à indiquer la marche des courans, et à représenter les molécules liquides dont la direction, sans ce moyen, échapperait aux regards. Comme les tubes de *Chara* offrent également ce phénomène, qu'ils soient placés verticalement dans l'eau, ou étendus horizontalement, et que, dans cette expérience, le tube de verre est placé verticalement, on peut compléter l'expérience en courbant à angle droit un tube de verre, et le remplissant d'alcool jusqu'au coude ; avec un degré de plus de chaleur, on forcera les molécules de liége à vaincre la résistance qu'elles éprouvent en frottant contre les parois supérieures du tube horizontal. En conséquence, lorsqu'un mobile quelconque a donné une impulsion à un liquide renfermé dans un tube fermé par les deux bouts, il se produit nécessairement un double courant, ou plutôt un seul courant qui revient indéfiniment sur lui-même, sans mêler ses deux moitiés, et en conservant une ligne de démarcation bien distincte.

17. Dans les *Chara*, ce n'est point la chaleur qui est ce mobile, puisque tous les points de ces tubes étant également plongés dans l'eau, les uns ne peuvent pas être plus échauffés que les autres. Mais nous avons vu que les parois des tubes décortiqués de *Chara* aspirent rapidement les liquides qui les mouillent (§ 12 et 15) ; ces

mêmes parois expirent le liquide qu'elles recèlent (§ 12 et 13);
car partout où il existe une aspiration, une imbibition, une absorption continue, il doit nécessairement exister une expiration,
une transsudation, par la raison que la capacité reste invariable;
or, ces deux phénomènes d'aspiration et d'expiration ne peuvent
pas avoir lieu sans que le liquide contenu reçoive une impulsion
capable de produire les phénomènes que je viens de décrire et de
définir. Que l'on introduise dans la capacité d'un grand tube de
verre deux tubes effilés à la lampe, et se dirigeant au dehors en
sens contraire l'un de l'autre; que l'extrémité de l'un plonge dans
un réservoir d'eau, et que, par l'extrémité de l'autre, l'observateur aspire fortement l'eau du grand tube, aussitôt on verra dans
le grand tube deux courans inverses se dirigeant l'un du côté du
tube qui aboutit au réservoir vers le fond du grand tube, et l'autre, du fond du grand tube vers le tube aspirant; et là, les corpuscules suspendus dans l'eau, ne pouvant pas s'introduire par
l'extrémité trop effilée du tube aspirant, seront repoussées par les
molécules suivantes pour aller compléter le cercle de la circulation. Mais qu'est-ce que la force produite par deux tubes, en
comparaison de ces milliers de pores invisibles du tube des *Chara*,
destinés à la succion et à l'expulsion des molécules fluides qui ont
concouru ou qui doivent concourir à l'acte de la circulation? Aussi
voit-on que les molécules qui circulent dans l'intérieur d'un tube
de *Chara* glissent fortement attachées aux parois vertes; qu'elles
ne dévient jamais de leur direction primitive, qu'alors même que
le tube a été ouvert sur une portion de sa longueur, les molécules
sont encore amenées au dehors par l'action de ces parois, à peu
près comme une chaîne sans fin qui serait mise en mouvement
autour de deux poulies opposées. Ce sont les parois vertes qui
président essentiellement à ces phénomènes de succion et de départ, et la ligne médiane blanche, en étant dépouillée, reste sans
énergie, et forme, pour ainsi dire, l'axe autour duquel se meut
la chaîne de la circulation (§ 6).

18. Au lieu d'un tube fermé par les deux bouts, supposons un
cercle tubulé, possédant sur toute la longueur de ses parois la
propriété d'aspirer et d'expirer les liquides; les liquides devront
nécessairement ne plus offrir qu'un seul courant continu, et non
deux courans inverses, puisque, dans ce cas, nulle résistance n'o-

bligera un courant à redescendre sur lui-même. Que ce cercle tubulé soit simple ou ramifié, l'effet sera toujours analogue. Cette
explication, qui me paraît découler si naturellement de l'expérience, fait disparaître d'un seul coup toutes les anomalies que,
jusqu'à ce jour, le phénomène de la circulation chez les animaux
a offertes à la méditation des observateurs. Le cœur ne sera donc
plus l'unique mobile de la circulation; car, en n'admettant que son
action, on tomberait dans des résultats en contradiction avec toutes
les lois hydrauliques connues. Mais toutes les parois du système
vasculaire étant destinées à aspirer dans le torrent de la circulation les liquides propres à la nutrition des organes qu'ils avoi-
sinent, et à rejeter ou à expirer les liquides élaborés, il s'ensuivra que, sur tous les points du torrent de la circulation, il
existera un double mobile, une double impulsion. Des parois
qui aspirent un liquide doivent, si je puis m'exprimer ainsi,
être aspirées à leur tour ou être attirées par ce liquide; et des
parois qui expirent, qui repoussent un liquide, doivent être repoussées à leur tour par le même liquide. De là les mouvemens
de systole et de diastole qui seront d'autant plus sensibles, que les
parois seront plus libres d'obéir à ces deux mouvemens. Or, le
cœur étant la portion du système circulatoire qui offre le plus d'é-
paisseur, et par conséquent le plus d'énergie, une surface plus
libre, et par conséquent moins entravée, il arrivera que ses mouvemens de systole et de diastole devront être si puissans, qu'ils
iront ajouter encore au mouvement déterminé par l'expiration et
l'aspiration des autres surfaces du système de la circulation. En
conséquence, le cœur se contractera, quand il aspirera les liquides; il se dilatera quand il les expirera ; et, du cœur jusqu'aux
dernières anastomoses du système vasculaire, ce double phénomène aura lieu avec d'autant moins d'apparence, que les parois
seront moins libres, plus fortement attachées aux parois des autres
organes. Mais le liquide circulant étant soumis aux deux mêmes
causes sur toute l'étendue de son passage, il n'y aura plus rien
d'étonnant qu'un tube de verre, recourbé et gradué, s'il est plongé
par une extrémité dans une artère quelconque, offre le liquide se
soutenant toujours à peu près à la même hauteur dans la branche verticale ; ce qui ne devrait pas avoir lieu, si les mouvemens du cœur
étaient l'unique cause de l'impulsion imprimée au liquide qui circule.

19. Que les parois des tissus animaux aient la propriété d'aspirer et d'expirer, c'est, je pense, ce qui est admis dans la science depuis la démonstration que je crois en avoir donnée dans mon mémoire sur l'alcyonelle (part. 2ᵉ). Soit la Vorticelle (fig. 5, pl. 9) dont la base (*c*) est attachée au porte objet ; on voit que la surface de la partie antérieure (*a*) aspire de fort loin le liquide ainsi que l'indiquent les molécules tenues en suspension. Mais une fois arrivés à la hauteur des cils apparens qui en hérissent les contours (*cc'*), ces globules sont lancés brusquement, en décrivant une courbe que l'action de l'aspiration leur fait bientôt compléter entièrement. En sorte que l'on voit, de chaque côté de la Vorticelle, des tourbillons continus de globules attirés et repoussés. En même temps on distingue une circulation évidente dans le bourrelet circulaire de cette surface respiratoire (*b*). Ces cils expirans se montrent encore sur toute la surface externe de chaque tentacule de l'alcyonelle, et chacun de ces tentacules offre dans son intérieur une circulation branchiale. Les deux roues prétendues du rotifère présentent, de la même manière, le double phénomène d'aspiration et d'expiration, et la circulation interne dans le bourrelet de chaque surface ; de plus, un cœur palpitant, exactement placé entre les deux organes de la respiration. Mais ce qui est certainement une preuve encore plus évidente, c'est que chaque lambeau provenant de la lacération des branchies, des palpes labiaux et de l'ovaire des moules d'eau douce, attirent le liquide et l'expirent en se couvrant de ces cils illusoires que nous venons de remarquer sur la surface respiratoire de la Vorticelle (fig. 5, *cc'*). Ces cils illusoires sont l'effet de la différence de densité du liquide expulsé par l'expiration, ainsi qu'on peut le voir plus amplement démontré dans la seconde partie de mon mémoire sur l'alcyonelle. Enfin, dans chacun de ces lambeaux on observe une circulation, et chacun de ces lambeaux se meut tant qu'il aspire et qu'il expire, ce qui peut se prolonger pendant 24 heures et davantage.

On concevra facilement que cette double fonction des tissus variera d'intensité selon les diverses classes d'animaux, et qu'elle pourra s'exercer chez certains d'entre eux d'une manière inappréciable à nos moyens d'observation.

20. Mais il ne paraîtra pas impossible *à priori* que certains tissus ne possèdent exclusivement que l'une ou l'autre de ces deux fonctions.

Or, cette conjecture se réalise sur les branchies des animaux doués de la double respiration branchiale et pulmonaire. Ainsi, lorsqu'on observe au microscope les papilles branchiales des jeunes salamandres (pl. 9, fig. 4), on distingue une circulation évidente dans chacune d'entre elles; les globules (*a*) d'une assez grande dimension se poussent au passage dans les canaux. Mais en même temps on voit que les corpuscules suspendus dans le liquide ambiant (*b*) sont attirés par la surface respiratoire, et que, chassés par ceux qui les suivent, ils exécutent une espèce de *remou* (*b*), comme nous avons déjà eu lieu de le remarquer sur la Vorticelle. Cependant nul cil illusoire d'expiration ne se montre, rien n'est expulsé au dehors par ces membranes. Mais ce fait là n'offre plus rien d'extraordinaire, quand une fois on voit la salamandre arriver à la surface de l'eau, pour chasser par la bouche les gaz de l'expiration. Ainsi, dans les animaux aquatiques d'un ordre supérieur, l'aspiration existe à l'extérieur, et l'expiration se fait par les parois intérieures.

21. Les membranes végétales jouissent des mêmes propriétés ; le grain de pollen de certaines plantes aspire si fortement l'eau, qu'un *remou* énergique se manifeste autour de cet organe et fait tourbillonner les corpuscules du liquide. Certaines membranes desséchées, en s'imbibant d'eau, produisent le même phénomène ; enfin l'huile, dans l'acide sulfurique, offre les mêmes mouvemens d'aspiration et d'expiration. (Voy. nos *Annales*, tom. I, p. 77.)

En me résumant, les membranes organiques sont douées de la faculté d'aspirer et d'expirer, ou, en d'autres termes, de s'imbiber et d'exhaler les fluides ou liquides ambians ; cette double propriété suffit pour mettre en mouvement les liquides renfermés dans leur capacité. Si cette capacité est un vésicule, ce mouvement déterminera deux courans inverses l'un de l'autre ; et si la capacité est un réseau anastomosé, ou un cercle plus ou moins ramifié, alors un seul courant continu aura lieu dans le circuit des anastomoses. La circulation qui a lieu dans le tube du *Chara*, et, ainsi que l'analogie nous l'indique, dans toutes les cellules végétales tapissées de substances vertes, n'est donc qu'une légère modification du mécanisme qui préside à la circulation vasculaire des plantes et des animaux. Examinons à présent les analogies des liquides qui circulent dans les organes des individus de l'un et de l'autre règne.

Analyse microscopique du suc qui circule dans les tubes des CHARA.

Un tube de *Chara hispida* (espèce dont je me suis servi préférablement, à cause de ses grandes proportions et de la rigidité de ses tubes) ne renferme qu'une goutte de liquide ; je doute que les chimistes eussent assez compté sur leur patience pour entreprendre l'analyse de cette substance ; mais ce qui paraîtra certain aux personnes qui, ne se contentant pas de me lire, essaieront de vérifier par elles-mêmes la nature de mes assertions, c'est que jamais les procédés en grand n'auraient fourni des résultats aussi précis et aussi simples que ceux auxquels m'ont amené les procédés compliqués dont une prévision de chaque instant m'a fait suivre depuis deux ans tous les détours.

22. Toutes les fois que j'ai voulu examiner chimiquement le suc contenu dans un tube de *Chara*, j'ai eu soin de le dépouiller entièrement de son incrustation calcaire, de le laver ensuite à l'eau distillée, de le couper avec des ciseaux toujours nettoyés, et d'en répandre le suc sur une lame de verre passée à l'eau distillée et essuyée avec un linge blanc, en pressant le tube avec les doigts. Ce dernier procédé force un assez grand nombre de lambeaux de la membrane verte de sortir du tube avec le suc proprement dit ; mais il est facile de tenir compte des modifications que leur présence est dans le cas d'apporter aux résultats.

23. Le suc d'un *Chara* plein de vie et de mouvement rougit toujours le tournesol d'une manière assez intense. Je crois avoir trouvé tout au plus deux exceptions, sur des centaines de tubes qui ont été sacrifiés à cette seule expérience, depuis le premier printemps jusqu'en automne.

24. L'ébullition la plus prolongée ne semble pas diminuer l'intensité de cette acidité ; en sorte que les personnes qui attachent une grande importance à ces réactions, quant à la détermination du règne organique dans lequel elles désirent placer une substance, décideraient sur ce seul fait, que le suc du *Chara* ne renferme pas de substances animales. La fumée de l'incinération du produit réuni d'une vingtaine de tubes ne m'a pas paru ramener au bleu un papier rougi par les acides ; elle rougissait un papier bleu.

25. Abandonné à lui-même, ce suc ne manque jamais d'acqué-

rir une odeur marécageuse, bien plus prononcée encore que celle qu'il exhalait au sortir du tube; il se couvre d'infusoires ou d'une immense quantité de petits globules hyalins, qui, par leur rapprochement, ne semblent plus faire qu'une seule masse, et dont le diamètre, évalué approximativement, ne m'a pas paru dépasser $\frac{1}{400}$ de millim. Le suc a perdu alors son acidité.

26. Pour essayer ce suc par les réactifs dans un verre de montre, il faut en avoir obtenu une certaine quantité, l'étendre d'eau distillée, car l'aspect en est toujours louche, et ensuite verser la substance dans le réactif, et non le réactif dans la substance, afin d'être sûr que la réaction ne provient pas des vases dont on se sert. Voici ce qu'on observe :

27. L'oxalate d'ammoniaque ne produit aucun louche dans le liquide. Le prussiate ferruré de potasse, aiguisé d'un acide, ne le bleuit pas. L'infusion de noix de galle ne manifeste pas la couleur verte par laquelle ce réactif dénote la présence du carbonate de soude. L'ammoniaque liquide, la potasse caustique n'en précipitent rien. Les acides étendus n'y produisent pas la moindre effervescence. La réaction du muriate de platine serait trompeuse sur d'aussi petites quantités; cependant on peut voir, avec un peu d'attention, qu'il précipite, quoique faiblement. Ce suc ne renferme donc ni fer, ni carbonate de soude, ou d'autre base, ni chaux libre ou combinée, ni alumine, ni magnésie.

28. Le nitrate d'argent, au contraire, occasionne un précipité floconneux très-abondant, qui devient violâtre au contact de l'air; ce suc renferme donc en abondance des hydrochlorates.

29. Le liquide filtré passe transparent; mais à la longue il épaissit par l'ébullition et devient louche.

30. J'ai laissé précipiter pendant une heure les flocons que le suc, provenant d'une trentaine de tubes, m'offrait en suspension; j'ai décanté le liquide, j'ai lavé plusieurs fois à l'eau distillée, en attendant, pour décanter, que le précipité fût un peu tassé. J'ai fait incinérer alors le résidu dans une cuiller de platine à la lampe à esprit de vin. Tout a commencé par noircir, et à la longue il est resté, contre les parois de la cuiller, une couche épaisse, blanche, d'un œil un peu bleuâtre, offrant les mêmes réticulations que l'albumine laisse par son incinération. L'eau distillée, avec laquelle j'ai lavé ces cendres, n'agissait en aucune manière sur les papiers

réactifs. Un acide végétal étendu y produit une petite effervescence, mais ne parvient jamais à tout dissoudre; au chalumeau, on observe ces scintillations éblouissantes que présente le carbonate de chaux passant à l'état alcalin. Ce qui reste ne fond pas, ne varie pas au feu ordinaire du chalumeau, ne se délite pas dans l'eau, n'est jamais déliquescent; dissous dans l'acide nitrique étendu, l'oxalate d'ammoniaque en précipite abondamment de la chaux; c'est du phosphate de chaux. Examinons maintenant les phénomènes dont le microscope peut nous rendre témoins.

31. Le tube du *Chara hispida*, exprimé sur une lame de verre, offre, outre les lambeaux de la membrane verte (pl. 9, fig. 1, *b*), une quantité considérable de globules blancs, plus ou moins libres, plus ou moins agglomérés en globes tremblottans (fig. 20), mais qui ne se prennent pas en une masse homogène, comme lorsqu'on laisse les tubes se vider dans l'eau (pl. 9, fig. 1, *a*). Ces grands globes représentent ceux qu'on observait à travers les parois, tournant sur leur axe, dans la ligne médiane du tube (pl. 9, fig. 2, *a*). Les petits globules sont ceux qui étaient charriés par le liquide, et qui, en passant sous la membrane verte, ont paru verts aux modernes observateurs et ont été décrits comme tels.

32. L'alcool concentré coagule les petits comme les grands globules, les rend plus opaques et d'un blanc plus laiteux. L'acide nitrique les jaunit (fig. 1, *f*). L'acide hydrochlorique concentré finit par leur imprimer une couleur d'abord violette, puis bleue, et les dissout quand il est en excès (fig. 1, *e*). L'acide sulfurique leur communique la couleur purpurine, que ce réactif communique à un mélange de sucre et d'albumine (fig. 1, *d*). L'ammoniaque caustique les dissout à l'état frais et avant leur entière dessiccation; il en est de même de l'acide acétique. La chaleur en rapproche les molécules et les déforme en les coagulant. Ces grands globes et les petits globules sont donc de l'albumine précipitée d'un liquide circulant qui les tenait en suspension.

33. En laissant évaporer maintenant le liquide sur une lame de verre, de nouveaux phénomènes se présentent à l'observation. (Je recommande, dans ces sortes d'expériences, de bien étudier d'avance au microscope les impuretés de la lame de verre; elles offrent quelquefois des compartimens anguleux qui simulent des cristallisations, surtout lorsqu'elles ont été passées au feu d'une manière

un peu brusque. Les verres de montre surtout peuvent offrir des illusions analogues). Le liquide desséché, outre les grumeaux albumineux, présente çà et là les quatre sortes de cristallisations que l'on voit groupées (fig. 12 *a*, *b*, *c*, *d*). Leur étude a exigé de ma part les plus grandes précautions, et l'une de ces quatre espèces a nécessité des recherches de plus d'un an ; je pense qu'on ne les considérera pas comme minutieuses, en apprenant le résultat final auquel elles m'ont amené.

34. Le cristal (*a*) provient évidemment de l'hydrochlorate de soude, car le sel marin, cristallisant de toutes pièces sur la lame de verre, produit toujours les mêmes cristaux en grand comme en petit. On sait que ce sel cristallise en creux et non en relief ; au microscope, le jeu de la lumière semble au contraire le montrer terminé par une pyramide saillante à quatre faces. Pour se convaincre du contraire, il n'y a qu'à se rendre raison de ce qui se passe. Quand un cristal est terminé par une pyramide placée de champ sous les yeux de l'observateur, la face la plus éclairée est celle qui est opposée à la surface du miroir qui lance les rayons lumineux, ce dont on peut s'assurer en tenant compte du renversement des images au microscope composé ; or, ici, c'est tout le contraire ; donc la pyramide est en creux et non en relief. Ajoutez à cela que cette pyramide est composée de décroissemens en escalier, ce qui caractérise la cristallisation du sel marin, dont les cubes viennent se grouper de la sorte en amphithéâtre les uns au-dessus des autres. Pour achever de se convaincre que ces cubes sont du chlorure de sodium, il faut amener, tout près, une goutte d'acide qu'à l'instant de l'observation on fait avancer, avec une pointe effilée de verre, jusque sur eux. Si l'acide est végétal, ou que l'acide minéral soit étendu d'eau, ces cubes se dissoudront sans effervescence ; mais si l'on emploie l'acide sulfurique concentré, une vive effervescence (*a′*) se manifestera par les bulles de gaz qui s'échapperont dans le liquide. L'acide hydrochlorique, même concentré, non plus que l'acide nitrique ne produiront pas ce phénomène. Or, les mêmes réactions auront lieu sur le sel marin fait de toutes pièces au microscope.

35. Les mêmes réactions par les acides auront lieu à l'égard des arborisations (*d d′ d″*) ; donc ces arborisations sont des hydrochlorates. Depuis long-temps l'étude microscopique des cristallisations

(15)

m'avait appris que ces formes sont affectées surtout par ces sels à base d'ammoniaque ; je fis cristalliser de l'hydrochlorate d'ammoniaque au microscope, et j'obtins exactement et les mêmes formes et les mêmes réactions. L'action du feu fait disparaître ces cristaux. Le carbonate d'ammoniaque semble affecter les mêmes formes ; mais le carbonate est volatil, et nos cristaux se conservent indéfiniment. Les acides étendus et l'acide hydrochlorique concentré dissolvent, avec une vive effervescence, les carbonates ; tandis que l'acide sulfurique concentré seul fait effervescence avec les cristaux *d* du suc de *Chara*. Le nitrate d'argent les déforme et laisse à leur place des précipités granulés. On retrouve ces arborisations, avec tous leurs caractères, dans la salive, dans l'albumine dissoute dans l'eau, etc. Le chlorate de potasse offre aussi des arborisations, mais moins rameuses, plus compactes, et dont les fibrilles sont toujours régulièrement anguleuses ; du reste, le chlorate de potasse n'existe pas dans la nature. Ainsi, ces arborisations, dont les directions et les formes varient à l'infini autour de ce type, sous l'influence des obstacles que leur cristallisation rencontre dans ce liquide épaissi, sont des cristaux d'hydrochlorate d'ammoniaque.

36. Les cristaux (*b*) s'offrent sous la forme de cubes, de quadrilatères allongés, de lames hexaédriques d'une limpidité très-grande. Quelquefois ces cubes présentent une pyramide quadrilatère de champ ; et alors ils offrent une certaine analogie avec les cristaux de chlorure de sodium (*a*) ; mais, par le jeu de la lumière, on voit que leurs faces éclairées sont opposées à la surface du miroir (toujours en tenant compte du renversement des images), et lorsque de semblables cristallisations sont placées près d'un cristal de chlorure de sodium, on voit que la face éclairée de l'un est diamétralement opposée à la face éclairée de l'autre. Donc les cristallisations (*b*) ont des pyramides saillantes et non en creux. Les acides étendus, les acides nitrique et hydrochlorique concentrés les dissolvent sans la moindre effervescence ; mais l'acide sulfurique concentré les dissout en faisant jaillir les bulles de gaz que j'ai dessinés (*a'*) sur le chlorure de sodium soumis aux mêmes essais. Le nitrate d'argent les déforme en les remplaçant par un précipité granulé. Ces cristallisations sont des hydrochlorates. J'ai fait cristalliser bien des fois l'hydrochlorate de potasse sur une lame de verre, et j'ai obtenu tous ces cristaux avec toutes leurs

réactions; ces mêmes cristaux se montrent dans tous les liquides dans lesquels l'analyse en grand indique la présence de l'hydrochlorate de potasse. Ensuite, le muriate de platine, observé au microscope avec beaucoup de précaution, a précipité et déformé plus vite ceux-ci que ceux d'hydrochlorate d'ammoniaque et de soude.

37. Enfin, pour compléter la démonstration, l'alcool concentré a dissous aussi vite que l'eau ces trois sortes de cristallisations, et les a redéposées par évaporation sur le porte-objet, avec leurs premières formes et leurs premiers caractères. L'alcool a dissous aussi la substance verte des lambeaux de membranes vertes, et a déposé, par évaporation, le suc résineux.

38. Il me restait à examiner les cristaux en lames elliptiques (c), et la découverte de leur nature chimique m'a inspiré une satisfaction d'autant plus vive, que j'avais long-temps désespéré de parvenir à les déterminer.

39. Les acides végétaux ou minéraux, concentrés ou non, les dissolvent sans la moindre effervescence. Le muriate de platine m'a paru les attaquer plus vite que le chlorure de sodium; mais, comme j'ai eu l'occasion de le faire observer, ce réactif au microscope est sujet à faire naître beaucoup d'illusions quand on opère sur une couche desséchée, parce qu'alors il précipite presque tout.

40. Ces cristallisations sont très-déliquescentes; et l'on prévoit d'avance que c'est à cette propriété qu'on devra attribuer leurs formes elliptiques; il ne faudrait pas confondre avec elles les globules albumineux, qui, par la dessiccation, leur ressemblent quelquefois.

41. J'avais remarqué très-souvent des cristaux semblables dans le suc desséché des plantes. Ayant eu besoin d'observer au microscope le dépôt que laisse la baie de raisin et le vinaigre, je retrouvai, dans le suc desséché (fig. 11), toutes les formes que j'avais observées dans le suc de *Chara*, avec des modifications (fig. 10) que l'on remarquait en assez grand nombre. Le vinaigre m'offrit de plus des cristallisations affectant la forme *a* fig. 11. Le vin ordinaire déposa encore sous mes yeux les formes cristallines (*c*, fig. 12) du *Chara*. Le vin du midi, beaucoup plus riche en substances muqueuses, les masque davantage; ces cristaux, ayant à peu près le même pouvoir réfringent que ces sucs, y sont d'une telle transparence, qu'il faut faire jouer la lumière de bien des façons pour les y distinguer. Or, le tartrate de potasse existe principalement dans le vin, le

vinaigre ordinaire et la baie de raisin ; mes soupçons se portèrent
donc sur le tartrate de potasse.

42. Je précipitai le carbonate de potasse par de l'acide tartrique
en excès, et j'obtins subitement des cristaux tourmentés comme
on les voit fig. 9, 10. La forme fig. 14, je ne l'ai obtenue,
mais en abondance, qu'une seule fois. Ces cristaux, surtout les
formes (fig. 10) se rapprochaient de certaines cristallisations du
vinaigre ; mais je n'y retrouvai pas les cristaux elliptiques que l'on
remarque exclusivement dans le suc de *Chara*, et en grand nombre dans le dépôt du vinaigre.

43. Je pensai que cette cristallisation était due à l'acide acétique
qui les dissolvait ; je fis donc dissoudre du tartrate de potasse dans
l'acide provenant du vinaigre distillé ; mais l'évaporation de l'a-
cide, au lieu de me laisser sur le porte-objet des cristaux elliptiques, n'abandonna que les cristaux fig. 13. Ces cristaux,
comme on le voit, étaient réguliers et non tourmentés, parce que
leur formation avait eu lieu sans trouble et avec toute la lenteur
nécessaire. La moyenne de quatorze observations faites sur différens cristaux, à l'aide de mon goniomètre microscopique (1), m'a
donné l'angle $gab = 133°18'$. Le supplément de $133°18'$ étant
$46°42'$, il s'ensuit que la moitié de l'angle abc étant égal au
supplément de l'angle gab, l'angle total abc doit être de $93°24'$.
Or, j'ai trouvé souvent cet angle, par l'observation directe, me
donnant 93. Quand une face (fe) avait envahi toutes les
autres, j'ai trouvé, par l'observation directe, l'angle $efh = 47$; s'il
arrive maintenant que la face opposée de l'autre bout envahisse
toutes les autres à son tour, on aura un losange $efgh$, dont les
angles obtus seront de $133°18'$, et les angles aigus de $46°42'$; or,
l'observation directe m'a souvent donné $130\frac{1}{2}$ pour les uns, et
$49\frac{1}{2}$ pour les autres, sur des cristaux un peu déliquescens. S'il arrivait ensuite que les deux faces du même côté des deux bouts du
cristal envahissent toutes les autres et vinssent se réunir immédiatement les unes aux autres, on aurait le triangle fed, dont

---

(1) Je m'empresse d'annoncer qu'en plaçant le cercle gradué et les deux
cheveux ou fils de cocon au foyer du premier oculaire, les impuretés de la
gélatine du cercle ne sont plus un obstacle à la vision. (Voyez les *Annales
des Scienc. d'Observ.*, tom. I, p. 228.)

l'angle *f e d* serait de 86°36′. En supposant maintenant que deux de ces triangles égaux s'accolent par leur base (*fd*), on aura un rhombe de 86°36′ sur 93°24′. On le voit figuré *a a′*, et l'observation directe m'a donné souvent 85 sur 93. D'autres fois, le même rhombe m'a donné 106 sur 107, de même que l'angle *a b c*, ce que fournit à peu près le calcul, en joignant ensemble la moitié de l'angle *g a b* = 133°18′ avec l'angle aigu *e f h* = 46. La mesure de ces cristaux offre des anomalies à cause des ombres des bords; car, lorsque le cristal est posé un peu obliquement, les bords ombrés peuvent jeter dans des écarts considérables; c'est ce qui arrive quand, au lieu de cristalliser en lames, ils cristallisent en polyèdres comme celui de la figure *c*. Cependant, en tenant compte de toutes ces anomalies, on peut arriver, comme on le voit, au moyen du goniomètre microscopique, à des résultats qui pourront être tôt ou tard de quelque utilité.

44. Parmi tous ces cristaux, les losanges seuls (*f e g h*) offraient une analogie éloignée avec les ellipses du suc de *Chara*. Mais ils étaient encore trop réguliers pour servir de base même à une analogie hasardée. Je pensai que dans le vinaigre, le vin, et par conséquent dans les *Chara*, leur cristallisation se trouvait troublée par des mélanges. En réfléchissant un instant sur la nature des mélanges qui ont lieu dans le vin et l'acide acétique, je me portai spécialement sur l'idée que ces cristaux étaient tenus en solution par l'acide acétique combiné, soit avec la résine, soit avec une substance gommeuse, soit avec une substance albumineuse. Je fis donc un triple mélange d'acide acétique, de résine, de cristaux de tartrate de potasse, d'un côté; d'acide acétique, des mêmes cristaux, et de gomme, de l'autre; enfin, d'acide acétique, de tartrate de potasse et d'albumine de l'autre. Le premier et le second mélange ne me donnèrent rien; mais le troisième laissa déposer sur la lame de verre exactement les cristaux du vinaigre, du vin et du suc des *Chara* (fig. 12, *c* et fig. 11, *b c*, *c*, *a*). Cette découverte devenait déjà d'une haute importance; elle m'expliquait non-seulement la nature de ces cristaux, mais encore la nature de l'acide libre du suc des *Chara*, et le phénomène curieux de la coagulation du liquide circulant, lorsqu'on le laisse échapper dans l'eau commune.

45. Ces cristaux (fig. 11 *c c c*) du suc des *Chara* étaient donc du tartrate de potasse dissous par le mélange d'acide acétique et d'albumine;

ils étaient déliquescens et corrodés. L'acide acétique dissolvant l'albumine, il arrivait nécessairement que, lorsque le suc était en contact avec l'air, et surtout avec une eau capable de saturer l'acide, l'albumine se précipitait et produisait sur la lame de verre le *coagulum* (fig. 1, *a*). On pourrait m'objecter que, si l'acidité des *Chara* pouvait être attribuée à la présence de l'acide acétique libre, l'ébullition devrait faire disparaître l'acidité, tandis que j'ai dit le contraire (§ 24). Nous verrons plus bas que ces principes sévères de la chimie en grand ne sont rien moins que vrais, et qu'ils ont sans doute donné lieu à bien des opinions erronées et à bien des créations imaginaires de substances.

46. J'aurais cru laisser incomplète l'analyse du suc des *Chara*, si je n'avais pas cherché à analyser la substance du tube lui-même. J'ai exprimé, dans l'eau distillée, un assez grand nombre de tubes pour les dépouiller de toute la matière verte qu'ils recélaient. Je les ai laissés séjourner quelque temps dans l'acide hydrochlorique très-étendu, afin d'enlever tous les sels insolubles dont ils auraient pu être incrustés. Je les ai lavés de nouveau à l'eau distillée, et je les ai laissés sécher. Brûlés dans une cuiller de platine, leur fumée ramène faiblement au bleu un papier rougi par un acide. Incinérés près de la flamme blanche d'une chandelle, leurs cendres offrent les scintillations éblouissantes du calcaire qui devient alcalin. Ces cendres, insolubles dans l'eau, faisaient une vive effervescence et se dissolvaient entièrement dans les acides quelconques. Les réactifs n'y indiquaient que la présence du carbonate de chaux. Je déposai un certain nombre de tubes bien préparés dans l'acide sulfurique concentré ; ils s'y dissolvirent presque entièrement, et, sans attendre que l'acide sulfurique vînt à charbonner la substance organique, j'étendis doucement d'eau le mélange, et je saturai ensuite l'acide par la craie : je filtrai et fis évaporer le liquide, en ayant soin de filtrer de nouveau toutes les fois que l'élévation de la température précipitait le sulfate de chaux tenu en dissolution. Par l'évaporation complète, j'obtins une couche gommeuse, soluble dans l'eau, et précipitant par l'alcool. Cette expérience confirme encore la démonstration que j'ai déjà publiée sur la combinaison intime des tissus. La gomme joue le rôle d'acide en s'assimilant les bases ; et l'incinération éliminant une partie des élémens de la substance organique, cette combinaison, d'abord inattaquable par les acides

étendus, se change en carbonate; en sorte que, par l'incinération, on obtient à part la base terreuse, et, par la dissolution dans l'acide sulfurique concentré, ou étendu bouillant, on peut éliminer la substance inorganique, et obtenir à part la gomme qui lui était combinée. Ces idées expliquent simplement une découverte de M. Braconnot, sur la transformation prétendue du ligneux en gomme ; cette transformation n'est qu'une séparation.

47. Si l'on n'avait que des quantités minimes de tissus dont on voudrait reconnaître la base au microscope, on pourrait se servir avantageusement de l'acide tartrique, qui précipite la chaux à l'état cristallin. Ces cristaux (fig. 6) sont des prismes rectangles à pyramides à quatre faces, par décroissement sur les angles; ils ressemblent exactement aux cristaux d'oxalate de chaux que j'ai découverts dans les tubercules d'iris de Florence (fig. 7). Quelquefois ils s'offrent les uns et les autres sous la forme de la figure 8 ; mais on peut se convaincre que cette forme apparente ne provient que de leur position oblique et inclinée, qui fait que les angles dévient les rayons lumineux; ce dont on peut s'assurer, en faisant rouler sous ses yeux ces cristaux; car on les verra successivement, dans leur révolution, s'offrir avec la forme (8), et ensuite avec la forme (6) ; ce qui n'arriverait pas s'ils n'étaient pas des prismes rectangles.

Les cristaux de tartrate de chaux se distinguent des cristaux d'oxalate de chaux, en ce que, dans les premiers, l'angle $b\,c\,d = 129$, et l'angle $a\,b\,c = 102$, et que, dans les cristaux d'oxalate de chaux, l'angle $a\,b\,c = 62$, et l'angle $b\,c\,d = 149$. L'acide oxalique, dans cette expérience, ne remplacerait pas l'acide tartrique, parce que l'oxalate précipité par nos procédés ne cristallise jamais.

48. En me résumant, le tube hyalin de *Chara* se compose, comme toutes les membranes des cellules végétales, de gomme et de chaux; la membrane verte renferme une résine verte dans ses granulations, et cette membrane est albumineuse. Le suc se compose, 1° d'albumine précipitée en globes ou dissoute dans l'acide acétique, et combinée avec le phosphate de chaux et les autres sels de l'albumine ordinaire ; 2° de tartrate de potasse dissous dans l'acide acétique albumineux, d'hydrochlorates d'ammoniaque, de soude et de potasse. Examinons maintenant l'analogie de la composition de ce suc avec la composition chimique du sang des animaux.

Analogie du suc qui circule dans le tube des Chara *avec le sang qui circule dans les vaisseaux des animaux.*

49. Nous avons trouvé (§ 8) que le suc qui circule dans un tube de *Chara* renferme des hydrochlorates de soude, de potasse et d'ammoniaque. On sait, par l'analyse en grand, que le sang renferme aussi de l'hydrochlorate de soude et de potasse. J'ai laissé digérer du sérum condensé, dans l'alcool, et l'évaporation de ce menstrue m'a laissé sur le porte-objet des cristaux d'hydrochlorate de potasse aussi bien formés que ceux du suc de *Chara* (fig. 12 *b*), ainsi qu'un ou deux cristaux d'hydrochlorate de soude (fig. 12 *a*) au milieu d'une substance déliquescente, limpide. montueuse, analogue à celle que dépose l'albumine dissoute dans le suc du *Chara*.

50. L'analyse en grand s'est peu occupée de la présence de l'hydrochlorate d'ammoniaque (fig. 12 *d d'*) dans le sang. Mais ce sel, on le retrouve, par les observations microscopiques, dans le sérum du sang, si, avant de le laisser évaporer, on a eu soin de l'étendre d'eau distillée ; et on le retrouve encore dans tous les liquides animaux.

51. Nous avons trouvé (§ 4) que l'albumine existait dans le suc de *Chara* à deux états : à l'état de précipité (fig. 20), et dissoute par l'acide acétique. Nous avons vu que c'est à cette dernière circonstance qu'on est autorisé d'attribuer cette coagulation spontanée dont on est témoin, lorsque le suc de *Chara* se vide dans l'eau ordinaire. Cette coagulation représente exactement la coagulation du sang, sous forme de fibrine au sortir des vaisseaux. Examinons, pour ne pas laisser incomplète cette analogie, dans quels divers états l'albumine se trouve dans le sang.

52. Le sang renferme de l'albumine dissoute ; car, si on filtre le *sérum* jusqu'à ce que le microscope n'indique plus le moindre globule dans ce liquide, on n'a qu'à soumettre la substance à l'action de la chaleur, et il se produira immédiatement une coagulation albumineuse.

53. Mais indépendamment de cette albumine tenue en dissolution, le sang charrie des myriades de globules sur lesquels on a écrit beaucoup de choses mystérieuses. alors qu'on se contentait de juger des objets microscopiques par le simple coup d'œil. On

nous les a représentés comme des sacs rouges emprisonnant un noyau, et on les a figurés d'après cette idée (fig. 21 *a a′*). D'autres les ont reconnus doués d'un mouvement spontané, comme M. Rob. Brown et l'Institut de France viennent de soupçonner que les molécules métalliques se meuvent spontanément; d'autres enfin, dont les observations microscopiques ont définitivemement à nos yeux une valeur inverse du bruit qu'elles ont fait à leur publication, ont annoncé hardiment qu'en s'ajoutant bout à bout ils formaient exclusivement les tissus et la fibrine. Examinons à notre tour, par l'expérience directe, ces petits êtres mystérieux.

54. Les globules du sang affectent des dimensions et des formes qui paraissent homogènes dans le même animal, mais qui varient pourtant, quoique dans des limites assez rapprochées.

55. Ces dimensions varient suivant les individus; les formes et les dimensions varient suivant les espèces. On observe des différences entre les globules de la mère et ceux du fœtus.

56. Lorsqu'ils circulent dans les vaisseaux, ou immédiatement après leur sortie, ils ne se présentent qu'avec la forme de globules simples et infiniment transparens, qui, en passant et repassant les uns sur les autres, entraînés par les courans du liquide, sembleraient être tout-à-fait animés, aux yeux des observateurs partisans de mouvemens spontanés. Ces globules, si rouges sur les planches de certains auteurs, n'offrent quelque chose d'analogue qu'alors qu'ils sont recouverts de la nappe de matière colorante; mais dès que la matière colorante, entraînée par l'albumine soluble qui s'épaissit, s'est retirée sur les bords du porte-objet, alors on voit évidemment que chaque globule est incolore et d'une transparence éblouissante. C'est principalement sur les globules grandement elliptiques des batraciens qu'on peut très-bien voir cette circonstance. L'expérience est encore plus vite terminée, si on a eu soin d'étendre le *sérum* d'une grande quantité d'eau; car alors la matière colorante étant plus délayée et par conséquent inappréciable au microscope, les globules paraissent incolores au commencement même de l'observation. Enfin, si on les observe circulant dans les branchies des salamandres (fig. 4 *a*), ou dans la queue du têtard, on les trouve aussi blancs que dans les précécentes expériences. Il faut tenir compte pourtant de l'effet ordinaire de la lumière, qui, à l'instant où les globules commencent à altérer l'homogénéité de

leur substance, en s'imbibant d'eau, leur prête une couleur un peu jaunâtre ; mais cet effet a lieu sur tous les grumeaux de l'albumine de l'œuf. Pour se convaincre que cette couleur jaunâtre est l'effet de la réfraction, on n'a qu'à observer ces grumeaux par réflexion sur un fond noir (fig. 18), et ils apparaîtront blancs comme la neige sur toutes les portions un peu opaques ; car les autres portions trop transparentes se confondront avec le noir du fond.

57. Quelques instans après que les globules sanguins des batraciens (fig. 21 *b*) sont sortis du vaisseau et ont séjourné dans l'eau pure, ils commencent à acquérir des formes et des dimensions nouvelles ; ils s'étendent insensiblement, et alors on aperçoit dans leur centre une espèce de noyau (*b'*) ; bientôt la couche externe, qui se confond de plus en plus par son pouvoir réfringent avec le liquide, finit par disparaître tout-à-fait ; le petit noyau (fig. *b'''*) reste, s'étend et disparaît à son tour. D'autres globules, au lieu de s'étendre sous forme elliptique, s'étendent sous forme sphérique ; enfin, si la quantité d'eau qui sert de menstrue est suffisante, tous ces globules disparaîtront en s'y dissolvant ; et quelques heures après on n'en trouvera plus un seul dans le liquide.

58. Les globules de certains animaux, surtout ceux des mammifères, au lieu d'être primitivement elliptiques, sont sphériques et beaucoup plus petits (fig. 21 *c c' c''*). En approchant le porte-objet de l'objectif, ils présentent dans leur centre un point noir et une auréole transparente (*c*). Le point noir disparaît, en éloignant une seconde fois le porte-objet : ce qui provient de ce que, dans le premier cas, la partie médiane de la petite sphère n'étant plus au foyer du microscope, n'envoyait plus de rayons lumineux à l'œil de l'observateur. Quand ces globules, par l'évaporation de l'eau, s'appliquent contre la lame de verre, ils se présentent avec la forme *c'*, parce qu'alors la substance, se refoulant vers les bords, forme tout autour du globule une espèce de bourrelet.

59. Telles sont les diverses illusions auxquelles ces globules peuvent donner lieu sous le rapport de la forme. Étudions leur nature chimique.

60. Un acide minéral concentré, l'acide hydrochlorique, par exemple, commence par déterminer la formation d'un noyau sur les globules encore homogènes (*b''''*). Mais ce noyau, trace évidente d'une coagulation, varie de forme et de position dans chaque glo-

bule. L'acide hydrochlorique à la longue finit par dissoudre le globule en entier.

61. L'ammoniaque caustique et l'acide acétique concentrés dissolvent presque instantanément ces globules.

62. La chaleur les coagule et les durcit. L'alcool produit le même phénomène.

63. Or, des globules hyalins, transparens, solubles dans l'eau, l'ammoniaque, l'acide acétique, l'acide hydrochlorique concentrés, coagulables par les autres acides, par la chaleur, par l'alcool, sont évidemment de simples globules d'albumine, et non des molécules organisées; et l'on doit prévoir déjà à quelles graves erreurs l'on s'exposerait, si l'on suivait à la lettre les tables des mesures respectives que les micographes ont hasardé de nous donner au sujet des globules de divers animaux: car on conçoit d'avance que le globule, au sortir du vaisseau, sera bien moindre que quelques instans après son séjour dans l'eau ordinaire, dont on se sert pour délayer le sang trop épais, et que bientôt ils affecteront tous des formes différentes, selon que les uns auront plus de tendance à se dissoudre que les autres. Du reste, les mesures qu'on pourrait obtenir par des observations consciencieuses, varient d'après les instrumens amplifians, car elles dépendent de la manière dont on aura déterminé l'évaluation des grossissemens, et d'après les différences individuelles des sujets soumis à l'observation. Il faut se contenter, en semblables circonstances, de ne voir que de simples approximations dans les mesures obtenues.

64. Ces globules peuvent donc être considérés comme de l'albumine, d'abord dissoute dans le sang par un menstrue quelconque, et ensuite précipitée de ce menstrue. Cependant, les précipités d'albumine qu'on obtient par l'alcool, n'offrent jamais un assemblage de globules homogènes. Cela est vrai; mais les précipités d'albumine qui ont lieu par l'évaporation spontanée du menstrue qui la tenait en solution, représentent si bien tous ces phénomènes, qu'avec une matière colorante on croirait avoir devant les yeux du véritable sang. Que l'on dépose une certaine quantité d'albumine de l'œuf de poule dans l'acide hydrochlorique très-concentré et en excès; bientôt l'albumine, d'abord coagulée en blanc, se dissoudra dans l'acide en le colorant en un violet, qui passera ensuite au bleu. Si on décante alors l'acide hydrochlorique, et qu'on l'a

bandonne à une évaporation spontanée, on verra se précipiter une poudre blanche qui, observée au microscope, n'offrira que des globules très-petits, identiques, sphériques, et que l'œil le plus exercé confondrait volontiers avec les globules du sang.

65. Il est facile d'accorder que les proportions de ces globules varieront en raison de la quantité de menstrue qui s'évaporera dans un instant donné, et de bien d'autres circonstances accessoires ; en sorte que ces globules pourront affecter des grosseurs et des formes différentes, selon les âges, les mœurs, l'espèce et le sexe des animaux soumis à l'observation.

66. Nous retrouvons donc encore, dans le sang, l'albumine avec les deux états que nous avons observés dans le suc de *Chara*. Il ne s'agit plus que de savoir quel est le menstrue qui, dans le sang, lui sert de véhicule. Macquer et Homberg avaient déjà trouvé un acide dans le sang; Proust y a trouvé de l'acide acétique ; on sait, d'un autre côté, que Berzélius y indique, ainsi que dans tous les tissus, du lactate de soude et de potasse ; or, je vais prouver maintenant que l'acide lactique correspond exactement au mélange d'acide acétique et d'albumine du suc des *Chara* ; et dès ce moment j'aurai achevé de prouver qu'à part la matière colorante, qui, du reste, n'est qu'un accessoire du sang, le sang et le suc circulant dans les tubes de *Chara*, ont essentiellement les mêmes élémens chimiques.

67. Avant de passer à cette démonstration, arrêtons un instant notre attention sur la facilité avec laquelle toutes ces notions expliquent certains phénomènes que le sang présente à sa sortie des vaisseaux. Le menstrue qui tient en dissolution une partie de l'albumine du sang, et en suspension sous forme de globules l'autre partie, s'évapore lorsque le sang n'est pas étendu avec de l'eau, et se sature ou s'affaiblit trop pour pouvoir dissoudre l'albumine, quand on fait tomber le sang dans l'eau ordinaire. Dès ce moment un départ albumineux se forme, enveloppant, en se formant, la matière colorante et une grande quantité de sels dissous dans le liquide. Ce *coagulum*, on l'appellera caillot ; la portion du liquide qui le surmonte, et qu'on nomme *sérum*, ne différera pourtant de ce caillot que par la moindre quantité de toutes les substances qui se trouvent agglomérées dans celle-ci ; car ce *sérum* renferme encore et de l'albumine qu'on pourra obtenir à l'état de fibrine, et tous les sels que le sang charriait avec lui. En conséquence, le *caillot* et

le *sérum* ne sont point deux portions distinctes, mais seulement deux états différens de la même substance ; et c'est étrangement s'abuser que de chercher à donner les proportions dans lesquelles on a cru les rencontrer par l'analyse du sang ; car ces proportions varieront à l'infini avec les analyses subséquentes, selon les circonstances atmosphériques et les procédés employés.

Comme la matière colorante du sang est dissoute par le même menstrue que l'albumine, il s'ensuivra que l'albumine, venant à rapprocher ses molécules par sa coagulation, emprisonnera la majeure partie de la matière colorante, et, en se précipitant, formera le caillot rougeâtre, dont, par des lavages et des imbibitions répétées au moyen du papier gris, on pourra extraire la matière colorante, pour obtenir l'albumine à l'état de fibrine blanche, molle, ductile et élastique. Le même phénomène aurait lieu à l'égard d'un mélange d'albumine de l'œuf et de garance. La coloration du *coagulum* sera d'autant moins intense, que l'albumine sera en proportion plus grande par rapport à la matière colorante.

Le noyau que l'on remarque dans l'intérieur des globules des batraciens (fig. 21 *b*) (car sur la plupart des autres c'est un simple effet d'optique), n'est que l'effet de la dissolution successive des diverses couches du globule albumineux. Car la couche externe du globule venant à s'imbiber d'eau la première, s'étend la première dans le liquide, acquiert par son imbibition et par son aplatissement un pouvoir réfringent plus faible que les couches centrales, qui, dès ce moment, se montreront plus opaques que la couche externe ; lorsque la couche externe se sera entièrement dissoute, la couche plus interne subira la même modification, et ainsi de suite jusqu'à la couche médiane ; et le globule finira par disparaître en entier. Quelquefois, au lieu de deux emboîtemens tranchés, on en distinguera trois ou quatre dans le globule, à mesure que l'eau aura pénétré plus avant, mais en proportions différentes. Nous verrons bientôt qu'on peut reproduire mécaniquement tous ces phénomènes sur l'albumine de l'œuf.

Le suc qui circule dans un tube de *Chara* a, comme le sang, sa fibrine et son *sérum*, c'est-à-dire sa coagulation spontanée (§ 6). Voyons maintenant comment le suc des *Chara* possède l'analogue des lactates du sang.

Sur la non-existence de l'acide lactique de Schéele (nancéique de Braconnot ou zumique de Thomson).

68. Ayant laissé évaporer l'alcool que j'avais versé sur le résidu du suc de *Chara*, je m'aperçus au microscope que ce menstrue avait déposé, outre des cristaux d'hydrochlorate de potasse, une substance albumineuse, grumeleuse, ayant tout l'aspect déliquescent de celle qui recouvre ou entoure les cristaux du suc des *Chara* spontanément évaporé. Je pensai que ce dépôt pourrait bien être de l'albumine dont l'acide acétique aurait produit la solubilité dans l'alcool, de même que les acides rendent les huiles solubles dans l'eau. Par une analogie un peu éloignée, je commençais à prévoir que, s'il en était ainsi, je pourrais former de toute pièce l'acide lactique, dont le principal caractère, comme on le sait, est d'être incristallisable, déliquescent, également soluble dans l'eau et dans l'alcool, et prêtant à ses sels les mêmes propriétés physiques et chimiques; en sorte que le tartrate de potasse, dissous par l'albumine acétique des *Chara*, aurait dès lors représenté les lactates de potasse et de soude, qu'on a indiqués dans le sang et dans bien d'autres liquides végétaux ou animaux. Ces idées, un peu hétérodoxes en apparence, étaient trop piquantes à mes yeux, pour ne pas en poursuivre la vérification sans délai.

69. Je fis dissoudre du tartrate de potasse dans l'acide acétique; ayant fait évaporer jusqu'à un certain degré, je versai, sur le mélange déliquescent, de l'alcool à 38°; je décantai; l'alcool évaporé me laissa des cristaux réguliers de tartrate de potasse.

70. Je fis digérer de l'albumine de l'œuf de poule dans l'acide acétique obtenu des seconds produits de la distillation du vinaigre. Une partie de l'albumine se coagula en se tiraillant jusqu'à la surface de l'acide. Bientôt ce coagulum filant se subdivisa en grumeaux albumineux. Je filtrai le mélange et soumis à l'ébullition le liquide filtré; une nouvelle coagulation eut lieu; je filtrai de nouveau, et je recommençai à faire bouillir et à filtrer jusqu'à ce que l'ébullition la plus prolongée ne déterminât plus dans le liquide une coagulation appréciable. Après six heures d'ébullition, ce liquide conservait encore toute son acidité.

J'ai eu déjà bien des fois occasion de faire observer combien

l'on se trompe quand on pense dépouiller complétement une
substance fixe d'une substance volatile qui a de l'affinité pour elle,
en soumettant ce mélange à l'ébullition. Cette expérience achève
de démontrer, d'une manière péremptoire, tout ce que j'ai écrit à
cet égard. D'ailleurs, si l'acide acétique a de l'affinité pour l'albumine, réciproquement l'albumine a de l'affinité pour l'acide acétique, ensorte qu'il arrivera un moment où l'excès d'acide acétique
s'étant évaporé, le reste, étant en combinaison intime avec l'albumine, sera retenu avec fixité par ce dernier corps, même après
l'évaporation complète des parties aqueuses.

71. Je laissai évaporer spontanément sur une lame de verre
une portion du mélange d'albumine et d'acide acétique ; j'obtins
une couche grumeleuse, légèrement déliquescente, non fendillée ,
blanche, qui se redissolvait également dans l'eau et dans l'alcool,
qui rendait également acides l'un et l'autre de ces deux menstrues,
et que j'obtins une seconde fois avec tous ses caractères , par une
nouvelle évaporation.

72. Afin que l'expérience fût comparative, je me procurai l'a-
cide lactique, du lait aigri, par la méthode de Schéele. L'ébullition
m'offrit les mêmes phénomènes que l'acide artificiel que je venais
de trouver ; je filtrai à chaque nouvelle coagulation, et je finis par
obtenir un acide liquide incoagulable et déliquescent après son
évaporation. Je ne cherchai pas à en précipiter le phosphate de
chaux par l'eau de chaux ; car ce précipité n'a pas lieu lorsque l'a-
cide est étendu , et je ne voulais pas me servir de l'acide oxalique
pour précipiter la chaux à son tour, afin de n'avoir pas des traces
d'un acide étranger dans l'acide lactique. Au reste, la présence de
la petite quantité de phosphate de chaux qui a pu échapper à toutes les coagulations du liquide, ne modifiant en rien les caractères
essentiels de l'acide, j'étais en droit de le négliger, alors qu'il ne
s'agissait que de découvrir l'identité de mes deux substances (l'a-
cide naturel et l'acide artificiel).

73. J'étudiai ensuite l'action d'un certain nombre de bases sur
l'un et sur l'autre, et j'obtins absolument les mêmes réactions
avec l'un et avec l'autre. Les sels de l'un et de l'autre refusaient
également de cristalliser ; leur aspect était également déliquescent
le premier jour, et deux jours après ils étaient également secs.

74. Mais, observés au microscope, ils offraient très-souvent les

cristallisations des acétates ; ainsi, le lactate de chaux était parsemé çà et là d'arborisations (fig. 15), qui rappellent la cristallisation de l'acétate de chaux. D'autres fois ces arborisations étaient en panache (fig. 17), et contournées. La strontiane, la baryte et l'ammoniaque combinées avec l'acide lactique offraient les mêmes cristallisations ; mais le lactate d'ammoniaque, en outre, était traversé de figures analogues à la fig. 16, qui imitaient des écailles de papillon. Or, toutes ces cristallisations appartiennent aux acétates, et je les retrouvai encore dans mon lactate artificiel. Le lactate de potasse artificiel ou naturel n'offrait aucune cristallisation, et restait long-temps déliquescent ; le lactate artificiel et naturel de fer restait rougeâtre et insoluble ; en conséquence, les propriétés illusoires par lesquels l'acide lactique se distingue de l'acide acétique, ne sont dues qu'à la présence de l'albumine que l'acide tient en dissolution, et à laquelle il communique la faculté d'être également soluble dans l'eau et dans l'alcool.

75. La première action des bases sur cet acide confirme encore plus évidemment cette proposition. Dès qu'on met en contact une base caustique avec l'acide, on aperçoit, dans le naturel comme dans l'artificiel, un précipité floconneux qui, au microscope, porte tous les caractères de l'albumine, et qui, par l'incinération en grand, ne dément pas sa nature ; en sorte qu'en saturant l'acide lactique par la soude, on finirait par séparer toute l'albumine, et obtenir un acétate de soude. Avec les bases peu solubles, on n'obtiendrait pas le même résultat, parce que les acétates de ces bases se précipiteraient avec l'albumine, et s'envelopperaient dans le coagulum. L'étude de ces bases au microscope m'a même révélé une circonstance que j'ai déjà annoncée (§ 69), et qui me semble promettre des applications théoriques de la plus haute importance en physiologie.

76. Les carbonates de potasse, de soude, de chaux, de magnésie, de baryte, de strontiane, l'ammoniaque pure versés sur l'acide lactique naturel, précipitaient bien l'albumine de cet acide, mais en grumeaux granulés, déchirés et informes. Mais, ayant mis, en contact avec l'acide, de la baryte pure, je m'aperçus que le précipité avait lieu par petites boulettes blanches à l'œil nu, et arrondies au microscope. Ces boules, par réfraction, avaient l'aspect jaunâtre et granulé des coagulations de l'albumine (fig. 19) ; et par ré-

flexion, placées sur un fond noir, elles étaient blanches comme la neige (fig. 18). Les unes étaient elliptiques ou ovoïdes, atteignant $\frac{1}{2}$ millimètre ; les autres, au contraire, sphériques, ayant seulement $\frac{1}{3}$ de millimètre (fig. 19 *b*), offraient dans leur intérieur un beau noyau opaque, analogue au noyau que le séjour dans l'eau détermine au sein des globules sanguins des batraciens. Celles-ci étaient les plus nombreuses, et quelquefois aussi, outre leur noyau central, elles étaient encore emboîtées dans une sphère plus transparente, de manière que le globule pouvait être considéré comme possédant deux noyaux ; j'avais donc fait de toutes pièces des globules de batraciens. Toutes les bases caustiques produisirent le même effet que la baryte caustique.

76. Ayant voulu essayer l'action de ces bases sur mon acide artificiel, je n'obtins plus rien de semblable ; l'albumine se précipitait en grumeaux informes. Des inductions d'un autre ordre d'expériences m'amenaient à penser que les beaux globules que je venais de former renfermaient en abondance le phosphate de chaux du lactate naturel, et que c'était à l'assimilation de ce sel qu'il fallait attribuer la forme régulière de mes globes. Mon acide artificiel, possédant peu ou point de phosphate, devait, d'après cette théorie, se refuser à produire ces belles sphères albumineuses. Je laissai digérer du phosphate de chaux pur dans mon acide artificiel, et dès ce moment les alcalis caustiques y déterminèrent la formation du précipité globulaire fig. 19. En conséquence, il devenait démontré que la formation de ces globules était due à une espèce de loi d'organisation ; c'est-à-dire que l'alcali caustique venant à s'emparer de l'acide qui tient également en dissolution et l'albumine et le phosphate de chaux, l'albumine, en s'assimilant cette dernière substance, devenait un véritable tissu organisé.

77. Par une autre conséquence, il devenait évident qu'en précipitant par la chaux caustique, dans le procédé de Schéele, on précipite non-seulement le phosphate, mais encore une grande partie de l'albumine qui était tenue en dissolution par l'acide acétique, et que de cette manière on dénature en grande partie l'acide lactique qu'on cherche à purifier. Cette réflexion est bien plus applicable encore au procédé de M. Berzélius. Il est impossible qu'au milieu de tant de manipulations indiquées par ce célèbre chimiste pour épurer le prétendu acide lactique, on ne l'altère pas énormé-

ment. Aussi la couleur jaune qu'il acquiert, et que M. Berzélius regarde comme un caractère de cette substance, indique au contraire une altération réelle, analogue à celle que l'emploi des acides et l'élévation de la température font subir à toutes les substances organiques.

L'acide lactique n'est donc qu'une combinaison intime d'acide acétique et de la portion la moins phosphatée de l'albumine.

Quant à l'acide que M. Braconnot avait improprement nommé *nancéique*, du nom de la ville de Nancy, et que M. Thomson aurait peut-être dû se dispenser de nommer *zumique*, de ζυμη (*le-vain*), il ne doit plus rester maintenant le moindre doute sur son identité avec l'acide lactique, puisque les sucs des végétaux aigris renfermant simultanément du gluten (albumine végétale) et de l'acide acétique, il est impossible que ces deux substances ne se mélangent pas de la même manière que dans le lait aigri.

Quant à leurs sels, on sait qu'ils sont analogues; et s'ils venaient à offrir quelques différences, il serait facile de prouver que, par l'addition d'un peu de sucre ou de potasse aux nancéates, on communiquerait à ces derniers sels un aspect un peu plus déliquescent qu'ils ne présentent en certain cas. Au reste, on me pardonnera, je pense, si j'annonce que les nancéates mêmes offriront des différences entre eux, sous le rapport de l'aspect, selon qu'on les aura obtenus de telle ou telle plante.

78. De toutes ces expériences, il résulte que les lactates de soude et de potasse que l'analyse en grand a fait trouver dans le sang, reviennent au mélange d'acide acétique d'albumine et de tartrate de potasse que l'analyse microscopique nous a fait démontrer dans le suc de *Chara*. Mais les cristaux de tartrate ne se montrent pas dans le sérum du sang; donc ici ce lactate est un acétate albumineux de potasse; et il n'y aurait rien d'impossible que, dans le suc de *Chara*, outre le tartrate, il n'existât aussi de l'acétate de potasse. Quoi qu'il en soit, cette modification, due à la présence du tartrate dans l'un, et à son absence dans l'autre, est si légère, qu'elle ne saurait affaiblir en rien l'analogie complète que nous venons de découvrir, sous le double rapport, et du mécanisme de la circulation et de leur composition chimique, entre le suc qui circule dans les tubes des *Chara*, et le sang qui circule dans les vaisseaux des animaux.

79. *Partie historique.* Schéele (1), en 1780, obtint cet acide lactique du lait aigri, de la manière suivante : il réduisit aux 0,125 ($\frac{1}{8}$), par évaporation le petit-lait aigri, filtra, satura par l'eau de chaux pour séparer le phosphate de chaux, précipita la chaux par l'acide oxalique, et évapora jusqu'à consistance de miel.

Bouillon-Lagrange, en 1802 (2), conclut d'une série d'expériences, que l'acide lactique n'était que de l'acide acétique sali par un peu de substance saline et de matière animale.

M. Thénard, en 1806, partagea cette opinion (3). Mais M. Thomson (4) ayant fait observer que ces deux chimistes n'avaient ainsi argumenté que d'après l'acide obtenu par la distillation, acide qui, comme Schéele l'avait déjà avancé, pouvait provenir de la décomposition de l'acide lactique, M. Thénard abandonna son opinion dans son traité de chimie (5) ; il continua à adopter l'opinion de M. Thomson (6) sur l'identité de l'acide nancéique (7) et de l'acide lactique. Enfin, M. Berzélius (8), par un procédé très-compliqué, détermina encore davantage les chimistes à considérer cet acide comme un acide *sui generis.* Mais ce procédé, destiné à dépouiller l'acide lactique de ses sels, ne produit réellement d'autre effet que d'altérer et de jaunir l'albumine ; et, par l'incinération, on y retrouvera toujours une certaine quantité de sels. Notre acide artificiel, en passant par toutes ces manipulations, acquerrait certainement aussi la couleur jaune de l'acide lactique de M. Berzélius.

Explication de la planche 9.

Fig. 1. Entre-nœud de *Chara* coupé avec un rasoir en *g*, pour observer la coagulation du suc albumineux (*a*) qui circulait dans

---

(1) *Trans.,* Stockolm, 1780.

(2) *Annal. de Chimie,* tom. L, p. 288.

(3) *Annal. de Chimie,* tom. LX, p. 280.

(4) *Syst. de Chim.,* trad. par Riffault, tom. II, p. 210, 1818.

(5) Tom. IV, 1824, p. 399.

(6) *Ibid.,* p. 401, et tom. III, p. 685. Thomson, *Syst. de Chim.,* tom. II, pag. 216.

(7) *Annal. de Chim.,* tom LXXXVI, p. 84.

(8) *Forelasninger i D'jurkemien* (*Chimie animale*), tom. II, p. 430.

son sein. (*b*) Membrane verte qui tapisse l'intérieur du tube. (*cc*)
Masses albumineuses qui continuent à être poussées au dehors vers
l'ouverture *g* par la force aspirante des parois du tube. (*d*) Globes
albumineux colorés par l'acide sulfurique ; (*e*) *Id.* colorés par l'acide hydrochlorique ; (*f*) colorés par l'acide nitrique.

Fig. 2. Portion du même tube vivant et entier, pour montrer la
direction des courans inverses séparés par une ligne médiane. On voit
de grands globes rouler sur leur axe sous la ligne blanche ; les globules verts appartiennent à la membrane qui tapisse les parois du
tube, et les globules grisâtres sont ceux que charrie le courant.

Fig. 3. Tube de *Chara* dépouillé de la partie corticale (*dd*), sur
chaque extrémité duquel sont pratiquées deux ligatures (*aa*) entre
lesquelles la circulation continue, même après qu'on a coupé la
portion intermédiaire entre *d* et *a* ; (*e*) fragmens des rameaux
verticillés ; (*b*) graine qui renferme de la fécule ; (*c*) granule qu'on
suppose être l'analogue de l'anthère. J'ai dessiné ces deux organes
afin qu'on ne tombe pas dans la méprise dans laquelle est tombé
M. Cassini, en prenant le bourgeon pour la graine des *Chara*. Les
bourgeons se trouvent à l'aisselle des articulations.

Fig. 4. Branchie d'une salamandre aquatique. (*a*) Globules sanguins circulant dans les papilles ; (*b*) corpuscules tourbillonnant sous
l'influence de l'aspiration des papilles.

Fig. 5. Vorticelle fixée sur un porte-objet (*e*), attirant les corpuscules suspendus sur l'eau, par sa surface d'aspiration (*a*) ; les
repoussant en les faisant tourbillonner par les cils illusoires d'expiration (*c'c*) qui partent du bourrelet circulaire (*b*), dans l'intérieur
duquel on aperçoit une circulation véritable.

Fig. 6. Cristal de tartrate de chaux (§ 47).

Fig. 7, 8. Cristal d'oxalate de chaux (§ 47).

Fig. 9, 10, 14. Cristaux de tartrate de potasse précipités par un
excès d'acide (§ 42).

Fig. 11. Cristaux de tartrate de potasse obtenus par l'évaporation du vinaigre, ou d'un mélange d'acide acétique pur, d'albumine et de tartrate ordinaire (§ 44).

Fig. 12. Cristallisations qu'abandonne sur le porte-objet le suc
des *Chara*. (*a*) Hydrochlorate de soude. (*a'*) Acide hydrochlorique
en bulles qu'en dégage l'acide sulfurique concentré. (*c*) Tartrate de
potasse qui était tenu en solution par l'acide acétique albumineux.

(*b*) Cristaux d'hydrochlorate de potasse. (*dd'd'*) Arborisations d'hydrochlorate d'ammoniaque (§ 33).

Fig. 13. (*a, b, c,*) Cristaux de tartrate de potasse cristallisant par l'évaporation de l'acide acétique pur (§ 43).

Fig. 15. Arborisations d'acétate de chaux qu'on observe après la dessiccation de l'acide lactique combiné avec la chaux, et de l'acide acétique albumineux combiné avec la chaux (§ 74).

Fig. 16. Autre cristallisation du lactate ou de l'acétate albumineux d'ammoniaque.

Fig. 17. Autre cristallisation qu'affectent les lactates ou les acétates albumineux de chaux, de baryte, de strontiane (v. § 74).

Fig. 18. Globes albumineux du suc des *Chara* vus par réflexion, analogues aux globes albumineux que les alcalis caustiques déterminent dans l'acide lactique ou dans l'acide acétique albumineux saturé de phosphate de chaux.

Fig. 19. *Id.* Vus par réfraction, (*a*) avec un double noyau, (*b*) avec un seul noyau central, (*c*) simple et ovoïde (§ 76).

Fig. 20. Globes du suc des *Chara* (§ 6).

Fig. 21. Globules sanguins, (*aa*) tels qu'on les a figurés dans ces derniers temps, (*b, b, c, d*) tels qu'ils sont réellement, une fois qu'on les aura observés dans un liquide étendu, et hors la nappe de matière colorante. (*b*) Globules de batraciens, tels qu'ils sont au sortir des vaisseaux ; (*b'b''*) avec le noyau qu'ils acquièrent dans l'eau, (*b'''*) lorsque la couche externe s'est dissoute, (*b''''*) coagulés par un acide; (*c*) globules du sang humain trop près du foyer du microscope, (*c'*) *Id.* presque desséchés sur le porte-objet, (*c''*) tels qu'ils sortent des vaisseaux. (*dd*) Globules albumineux que l'évaporation de l'acide hydrochlorique, saturé d'albumine, abandonne en très-grande quantité (§ 63).

IMPRIMERIE DE PLASSAN ET Cie, RUE DE VAUGIRARD, No 15.

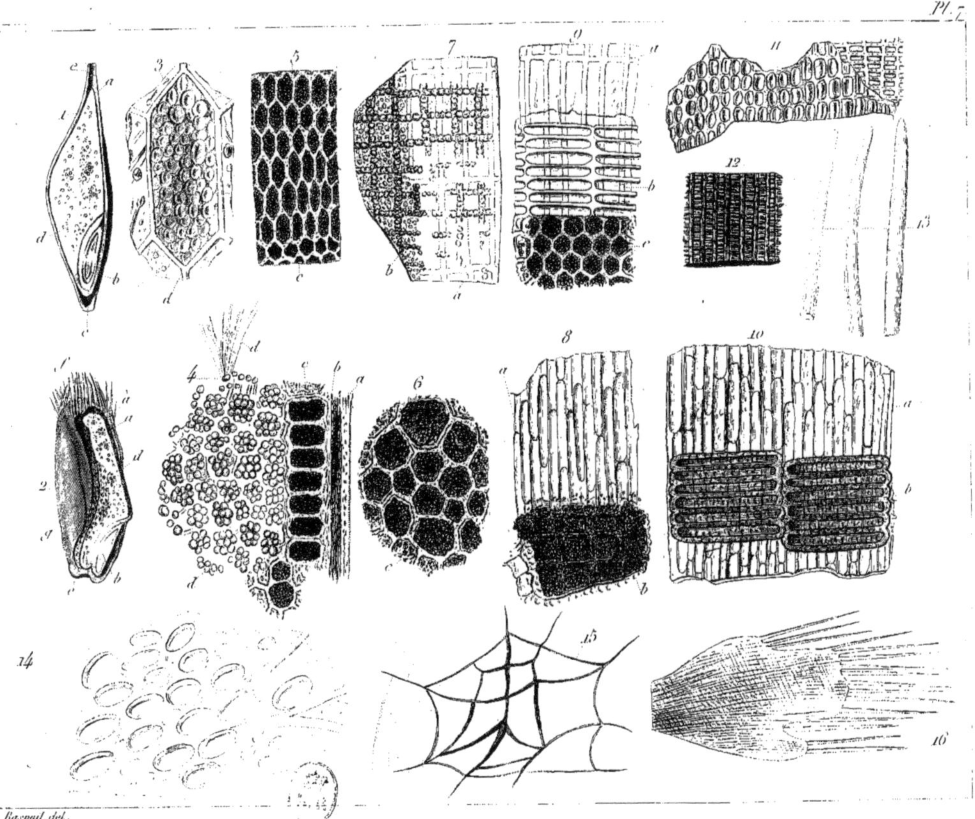

Analyse Microscopique de l'Hordéine et du Gluten.

Pl. 9.

Analyse microscopique du suc qui circule dans l'intérieur d'un tube de Chara.

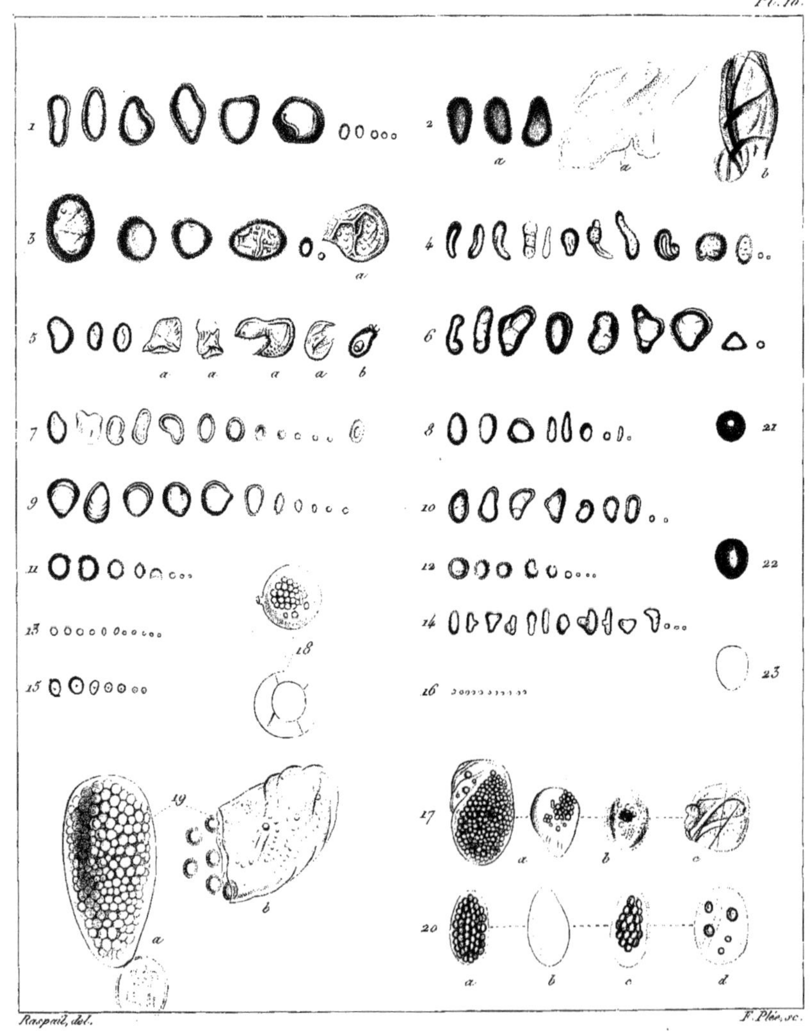

Raspail, del.

F. Pléo, sc.

Analyse microscopique et analogies de la fécule.

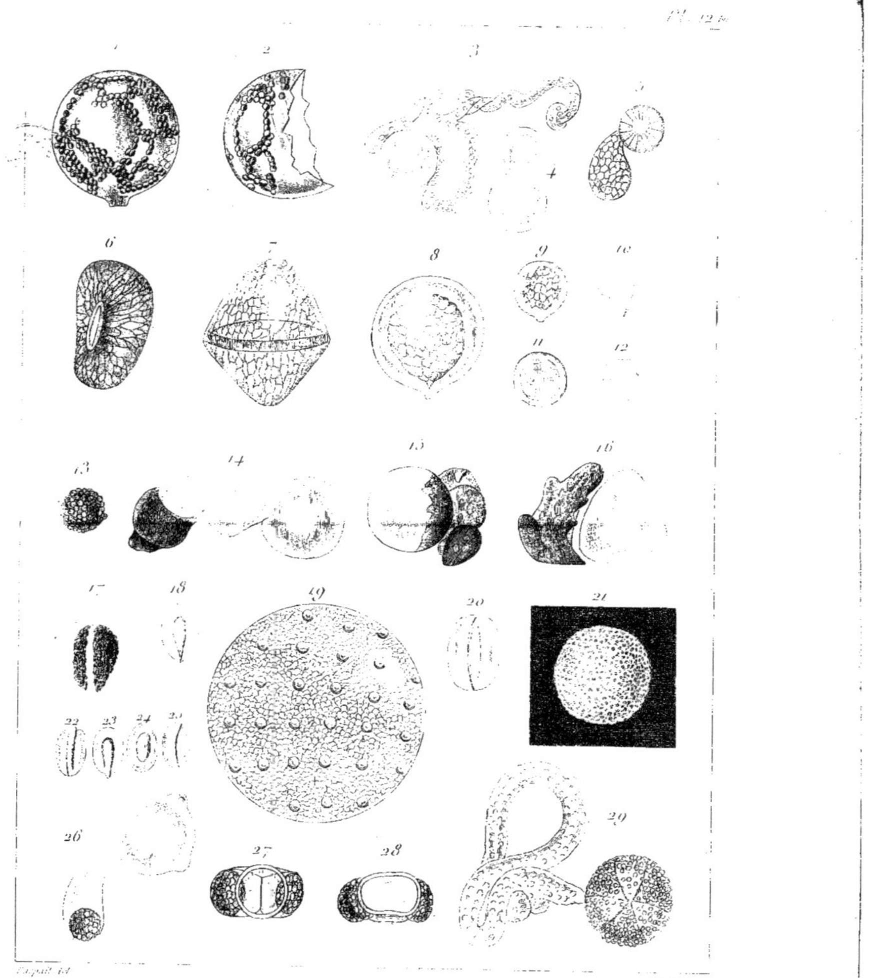

Glandes polliniques des feuilles et des anthères.

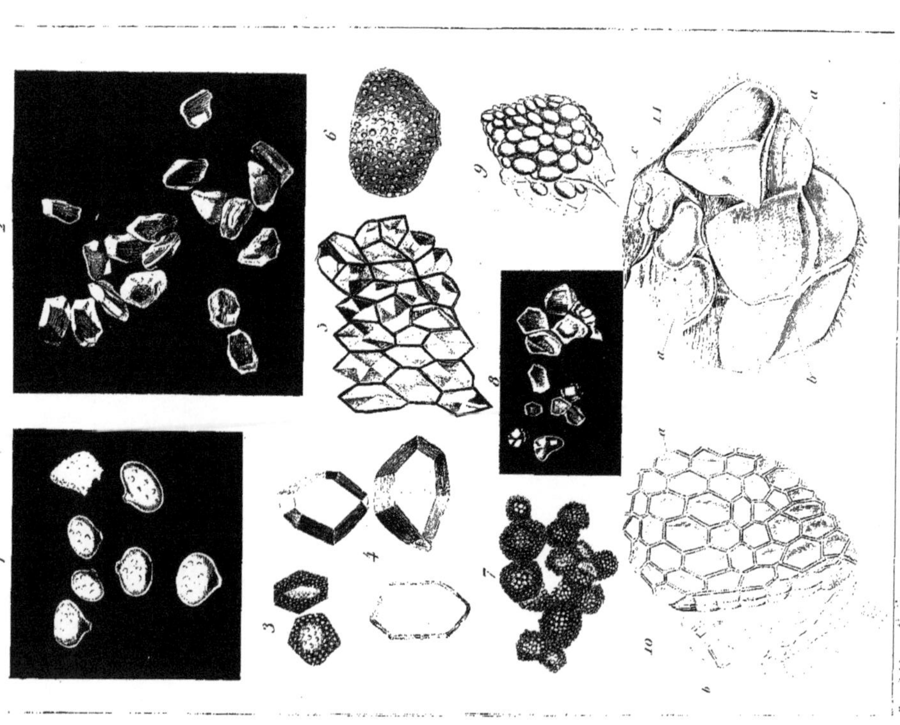

Pl. 13.
Maupetit del.
Payot fils sc.
Graisses et tissu adipeux.